丛书主编 柯 洪

全国一级造价工程师职业资格考试十年真题·九套模拟

建设工程计价

下册 九套模拟

主编 柯 洪 吴绍艳

中国建筑工业出版社
中国城市出版社

目　录

上册　十年真题

下册　九套模拟

模拟题一

一、单项选择题（共 60 题，每题 1 分。每题的备选项中，只有一个最符合题意）

1. 根据国际建设项目计量标准（ICMS）对于项目总建设成本的规定，下列各项中属于项目基本建设成本中成本集的是（   ）。

   A. 拆除和场地平整   B. 土方和支护工程

   C. 临时设施   D. 管道设施及电子设备

2. 在计算国产非标准设备原价中，下列计算加工费的公式中正确的是（   ）。

   A. 加工费＝材料费×材料加工费指标

   B. 加工费＝材料费×（1+加工损耗系数）×材料加工费指标

   C. 加工费＝材料总用量×材料加工单价

   D. 加工费＝材料总用量×（1+加工损耗系数）×材料加工单价

3. 就国际贸易的各种交易价格而言，以下各种价格中费用划分与风险转移分界点相一致的是（   ）。

   A. 离岸价   B. 运费在内价

   C. 到岸价格   D. 抵岸价

4. 已知某甲供工程项目，建筑工程总承包单位为房屋建筑主体结构提供工程服务，建设单位自行采购部分预制构件。已知建筑安装工程费中人工费为 500 万元，材料费为 2000 万元（其中包含 200 万元进项税额），施工机具使用费为 800 万元（其中包含 50 万元进项税额），企业管理费 400 万元（其中包含 15 万元进项税额），利润为 100 万元，规费为 150 万元。则建筑安装工程费中应计算的增值税为（   ）万元。

   A. 118.5   B. 110.6

   C. 355.5   D. 331.7

5. 根据《关于印发〈企业安全生产费用提取和使用管理办法〉的通知》（财资〔2022〕136 号）规定，若以建筑安装工程费为计算依据，房屋建筑工程安全施工费的计取标准为（   ）。

   A. 1.5%   B. 2%

   C. 2.5%   D. 3%

6. 在城市规划区内的国有土地上实施房屋拆迁，企业单位因搬迁造成的减产、停工损失补贴费属于（   ）。

   A. 拆迁补偿金   B. 安置补助费

   C. 地上附着物补偿费   D. 迁移补偿费

7. 下列费用中，应计入建设期计列的生产经营费中的是（   ）。

   A. 建设期使用的办公家具购置费   B. 建设单位工具用具使用费

C. 交付生产前调试及试车费用　　　　　D. 建设期取得特许经营权的费用

8. 关于基本预备费的概念，下列表述中正确的是（　　　）。

A. 基本预备费是指投资估算、工程概算、工程预算阶段预留的费用

B. 实行工程保险的工程项目，基本预备费可适当降低

C. 包括超规超限设备、材料、构件运输增加的费用

D. 工程变更和洽商不得从基本预备费中列支

9. 已知某项目建筑安装工程费为 2000 万元，设备购置费 3000 万元，工程建设其他费 1000 万元，若基本预备费率为 10%，项目建设前期为 2 年，建设期为 3 年，各年投资计划额为：第一年完成投资 20%，其余投资在后两年平均投入，年均价格上涨率为 5%，则该项目建设期间价差预备费为（　　　）万元。

A. 575.53　　　　　　　　　　　　B. 648.18

C. 752.73　　　　　　　　　　　　D. 1311.02

10. 《工程造价咨询企业服务清单》CECA/GC 11 属于我国现行工程造价管理标准中的（　　　）。

A. 操作规程　　　　　　　　　　　B. 管理规范

C. 基础标准　　　　　　　　　　　D. 质量管理标准

11. 定额计价与工程量清单计价最根本的区别是（　　　）。

A. 风险分担方式不同　　　　　　　B. 计价目的不同

C. 适用阶段不同　　　　　　　　　D. 造价形成机制不同

12. 从本质上说，工程量清单计价是招标人为完成工程交易而提供的一套完整的（　　　）。

A. 分部分项工程与措施项目清单　　B. 工作量清单

C. 消耗量清单　　　　　　　　　　D. 实物量清单

13. 当出现计量规范附录中未包括的清单项目时，编制补充项目时应遵循的原则是（　　　）。

A. 补充项目的编码由分部工程的代码与"B"和三位阿拉伯数字组成

B. 在工程量清单中应附补充项目的项目名称、项目特征、计量单位、适用条件和工程量计算规则

C. 补充项目的编码应按计量规范的规定确定

D. 将编制的补充项目报市级或行业工程造价管理机构备案

14. 当编制其他项目清单与计价汇总表时，对材料（工程设备）暂估单价描述正确的是（　　　）。

A. 材料（工程设备）暂估单价应汇总计入其他项目清单与计价汇总表

B. 材料（工程设备）暂估单价应计入清单项目综合单价

C. 材料（工程设备）暂估单价应由投标人确定，并计入清单项目综合单价

D. 材料（工程设备）暂估单价应由投标人确定，并计入其他项目清单与计价汇总表

15. 在机器工作时间的分类中，混凝土搅拌机搅拌混凝土时超过规定搅拌时间，属于（　　　）。

A. 机械进行任务内和工艺过程内未包括的工作而延续的时间

B. 低负荷下工作时间

C. 机械在负荷下所做的多余工作时间

D. 与机器有关的不可避免中断时间

16. 关于定额计价与工程量清单计价的主要区别，下列表述中正确的是（　　）。

A. 定额计价实现了计价风险按合同约定由发承包双方分担

B. 定额计价事前算细账、摆明账

C. 定额计价常采用事后算总账的造价形成机制，容易引起双方的工程价款纠纷

D. 定额计价可以简化竣工结算

17. 计时观察法是研究工作时间消耗的一种技术测定方法，通常用来直接进行时间研究的技术是（　　）。

A. 随机抽样和粗放抽样

B. 密集抽样和随机抽样

C. 综合抽样和随机抽样

D. 密集抽样和粗放抽样

18. 根据人工日工资单价的组成，下列各项中属于特殊情况下支付工资的是（　　）。

A. 增收节支支付给个人的劳动报酬

B. 定期休假时按计时工资的一定比例支付的工资

C. 保证职工工资水平不受物价影响支付给个人的物价补贴

D. 高温作业临时津贴

19. 下列与施工仪器仪表相关的费用中，应计入仪器仪表台班单价的是（　　）。

A. 仪器仪表报废时回收的残值

B. 仪器仪表台班的耗电费

C. 相关检测软件的购置费

D. 操作仪器仪表的工人工资

20. 在概算指标的列表形式中，对电气照明工程列出配线方式和灯具名称属于（　　）部分的内容。

A. 工程特征

B. 示意图

C. 经济指标

D. 构造内容及工程量指标

21. 在各类工程计价信息中，通常未经过系统的加工处理，可以称为数据的是（　　）。

A. 人工费价格指数

B. 建筑工种人工成本信息

C. 单项工程造价指标

D. 单位工程造价指标

22. 工程造价指标需根据工程特征进行测算，下列属于房屋建筑工程建设项目特征信息中可选择描述特征的是（　　）。

A. 项目所在地

B. 开竣工日期

C. 造价类型

D. 建安造价是否含税

23. 关于项目决策阶段工程方案选择应满足的基本要求，下列说法正确的是（　　）。

A. 技术对原材料的适应性要求

B. 技术对产品质量性能的保证要求

C. 工程布置对已选定场址的适应性要求

D. 工艺流程各工序间衔接合理性的要求

24. 下列单位安装工程中，采用设备原价为基数乘以设备安装费率来编制安装工程费估算的是（　　）。

A. 工艺非标准件安装工程

B. 工艺设备安装工程

C. 金属结构安装工程　　　　　　　　D. 工业炉窑砌筑安装工程

25. 已知某建设项目各项预测数据如下：应收账款 1000 万元，应付账款 600 万元，预付账款 200 万元，预收账款 150 万元，存货 1500 万元，库存现金 100 万元，在运营期的第三年达到预计的生产规模，若运营期第二年末累计投入的流动资金为 1200 万元，则第三年投入的流动资金为（　　）万元。

A. 1650　　　　　　　　　　　　　　B. 2850

C. 850　　　　　　　　　　　　　　 D. 2050

26. 某地 2022 年拟建一年产 30 万 t 化工产品项目，已知主要工艺设备投资估算为 8000 万元。该地区 2020 年建成的年产 20 万 t 同类产品项目的各专业工程费为 4000 万元。若该地区 2020 年至 2022 年工程造价年均递增 5%，则该项目的工程费用投资估算应为（　　）万元（生产能力指数为 1）。

A. 14000　　　　　　　　　　　　　B. 15435

C. 14615　　　　　　　　　　　　　D. 19845

27. 下列各项单位工程概算，适合用概算指标法编制的是（　　）。

A. 弱电工程概算　　　　　　　　　　B. 电气设备安装工程概算

C. 热力设备安装工程概算　　　　　　D. 机械设备安装工程概算

28. 采用概算定额法编制建筑工程概算通常包括以下步骤：①确定各分部分项工程费；②编写概算编制说明；③按照概算定额子目，列出单位工程中分部分项工程项目名称并计算工程量；④计算措施项目费。则正确的排列顺序为（　　）。

A. ①②③④　　　　　　　　　　　　B. ③①④②

C. ①③②④　　　　　　　　　　　　D. ③①②④

29. 在建筑设计影响工程造价的因素中，属于空间组合的是（　　）。

A. 柱网布置　　　　　　　　　　　　B. 室内外高差

C. 建筑结构　　　　　　　　　　　　D. 建筑物的体积与面积

30. 有关设计概算的调整，下列表述中正确的是（　　）。

A. 发生超出原设计范围的重大变更，可以申请调整概算

B. 调整概算应向项目主管部门提出申请

C. 一个工程只允许调整一次概算

D. 概算调整幅度不得超过原批复概算的 10%

31. 下列各项中属于施工图预算对投资方作用的是（　　）。

A. 投标报价的基础　　　　　　　　　B. 建筑工程预算包干的依据

C. 控制造价及资金合理使用的依据　　D. 控制工程成本的依据

32. 施工图预算编制的主要工作有：①列项计量；②了解施工现场情况；③套用预算定额计算人、材、机消耗量；④计算直接费；⑤计算价差；⑥计算其他费用。采用实物量法编制时，正确的编制步骤及顺序是（　　）。

A. ②①④③⑤⑥　　　　　　　　　　B. ①②③④⑤

C. ②①④③⑥⑤　　　　　　　　　　D. ②①③④⑥

33. 在公开招标过程中，当进行资格预审时，施工招标文件中可用来代替资格预审通

过通知书的是（　　）。

    A. 投标邀请书   B. 招标公告

    C. 投标人须知   D. 投标文件格式

34. 根据《招标投标法实施条例》规定，下列表述正确的是（　　）。

    A. 招标人可以自行决定是否编制标底

    B. 招标人设有最高投标限价的，应当在招标文件中明确最高投标限价

    C. 招标人可以规定最低投标限价

    D. 招标人编制标底的，不得再编制最高投标限价

35. 根据现行工程量清单计价规范，下列价格风险因素中，招标人编制最高投标限价时考虑并计入综合单价的是（　　）。

真题讲解
（35题）

    A. 一定幅度内的人工单价的变化

    B. 规费费率的变化

    C. 政策的调整

    D. 一定幅度内的材料价格的变化

36. 为体现最高投标限价编制的市场化发展趋势，可参考类似项目的专业承包市场价格确定综合单价进行组价的是（　　）。

    A. 定额中有缺项的工程量清单项目

    B. 企业定额中有明确消耗量的工程量清单项目

    C. 专业化程度高的工程量清单项目

    D. 应用新技术、新工艺的工程量清单项目

37. 在投标报价前期工作中，需要调查工程现场，下列各项中属于施工条件调查的是（　　）。

    A. 各种构件的供应能力和价格   B. 现场附近的生活设施

    C. 现场的三通一平情况   D. 现场附近的治安情况

38. 根据现行工程量清单计价规范，关于投标人在投标报价前对工程量的复核，下列说法正确的是（　　）。

    A. 复核工程量的核心目的，是为了选取合适的施工方法

    B. 应按投标企业定额项目划分标准，复核主要分部分项工程量

    C. 复核发现招标工程量清单有误的，不能擅自修改清单中的工程量

    D. 复核发现招标工程量清单有遗漏的，应进行增补并予以说明

39. 下列行为中，应被视为投标人相互串通投标的是（　　）。

    A. 投标人之间约定中标人

    B. 投标人之间协商投标报价等投标文件的实质性内容

    C. 某投标人的项目管理成员曾在另一投标人单位任职的

    D. 不同投标人委托同一单位或者个人办理投标事宜

40. 对于具有通用技术、性能标准或者招标人对其技术、性能没有特殊要求的招标项目，通常采用的评标方法是（　　）。

    A. 综合评估法   B. 最低价中标法

C. 经评审的最低投标价法   D. 合理低标价法

41. 某高速公路项目招标采用经评审的最低投标价法，其中桥梁段（1 号标段）和隧道段（2 号标段）为两个独立标段，招标文件规定同时投多个标段的评标修正率为 5%，同时规定隧道标段的基准工期为 28 个月，投标文件中每提前 1 个月工期有 40 万元的评标优惠。现有投标人甲、乙同时对两个标段进行投标，已知在桥梁标段中乙投标人中标，在隧道标段中甲投标人报价为 6000 万元，工期为 26 个月；乙投标人报价为 5800 万元，工期为 27 个月。则甲、乙投标人在隧道标段的评标价应分别为（   ）。

真题讲解
（41题）

A. 5920 万元，5470 万元   B. 5660 万元，5472 万元
C. 5920 万元，5472 万元   D. 5660 万元，5470 万元

42. 在国际工程投标报价中，下列各项中属于其他费用的是（   ）。

A. 风险费   B. 税金
C. 总部管理费   D. 分包费

43. 根据《建设项目工程总承包计价规范》T/CCEAS 001 的规定，当合同中约定了价款调整事项时，投标报价时对预备费的处理正确的是（   ）。

A. 预备费由投标人自主报价，中标后预备费由发包人掌握使用

B. 预备费由投标人自主报价，中标后预备费归承包人所有

C. 预备费应按招标文件中列出的金额填写，中标后预备费归承包人所有

D. 预备费应按招标文件中列出的金额填写，不得变动，并应列入投标总价中

44. 根据工程总承包招标文件的编制内容，下列各项中属于发包人提供的资料和条件中其他资料的是（   ）。

A. 规划许可证   B. 方案设计文件
C. 基准标高   D. 投标文件格式

45. 为了合理划分发承包双方的合同风险，施工合同中应当约定一个基准日，对于实行招标的建设工程，一般以（   ）为基准日。

A. 建设工程施工合同签订前的第 28 天   B. 招标文件开始发放前的第 28 天
C. 中标通知书发出前的第 28 天   D. 投标截止时间前的第 28 天

46. 当工程变更引起分部分项工程项目发生变化时，若期望在合理范围内参照类似项目的单价或总价调整，需满足的条件是（   ）。

A. 采用的材料、施工工艺和方法与清单中已有项目相同，且不增加关键线路上工程的施工时间

B. 采用的材料、施工工艺和方法与清单中已有项目相同，且增加关键线路上工程的施工时间

C. 采用的材料、施工工艺和方法与清单中已有项目基本相似，且不增加关键线路上工程的施工时间

D. 采用的材料、施工工艺和方法与清单中已有项目基本相似，且增加关键线路上工程的施工时间

47. 某分项工程招标工程量清单数量为 2000m³，施工中由于设计变更调增为 2600m³，

该分项工程最高投标限价综合单价为 420 元，投标报价为 498 元。若该项目承包人报价浮动率为 15%，则该分项工程最终结算价格为（　　）元。

A. 1294800　　　　　　　　　　B. 1275810

C. 1271400　　　　　　　　　　D. 1290300

48. 采用价格指数调整价格差额，承包人当月完成清单子目合同价款 1000 万元，当月按已标价工程量清单价格确认的变更金额为 50 万元。已知定值权重为 30%，在可调部分中，人工、钢材、水泥、机具使用费分别占比 20%、35%、30%、15%，各可调因子的基本价格指数和现行价格指数如下表所示，则需调整的价格差额为（　　）万元。

各可调因子的基本价格指数和现行价格指数

可调因子	人工	钢材	水泥	机具使用费
基本价格指数	100	103	105	106
现行价格指数	105	104	103	110

A. 313.34　　　　　　　　　　B. 9.81

C. 9.34　　　　　　　　　　　D. 329.01

49. 下列关于工程变更指令发出后承包人如何执行的表述，正确的是（　　）。

A. 发承包双方就变更估价达成一致后，承包人应落实变更指令

B. 承包人应就拟变更部分提交变更实施方案，发包人确认后执行

C. 承包人应全面落实变更指令

D. 承包人对于发包人批准发出的工程变更指令拥有否决权

50. 某建筑工程施工过程中发生以下事件：①发现地下文物，停工 5 日，窝工 30 个工日，保护文物用工 10 个工日；②提前 4 日向承包人提供材料。已知人工工日单价 150 元/工日，窝工补贴 50 元/工日，管理费用、利润分别按人工费的 20%、10% 计算。材料保管费按 150 元/日计算，不考虑其他费用，承包人应向发包人索赔的工期、费用分别是（　　）。

A. 5 天，4200 元　　　　　　　B. 5 天，4350 元

C. 1 天，4200 元　　　　　　　D. 1 天，4350 元

51. 关于工程计量的原则、范围与依据，下列表述中正确的是（　　）。

A. 工程质量验收资料齐全、手续完备是工程计量的前提

B. 工程计量的范围中不包括违约金

C. 工程计量的方法、范围、内容和单位受国家标准的约束

D. 工程计量的依据中包括工程变更令及索赔通知

52. 施工过程结算主要针对（　　）项目。

A. 当年开工、当年能竣工的改扩建

B. 当年开工、当年能竣工的新开工

C. 当年开工、当年不能竣工的改扩建

D. 当年开工、当年不能竣工的新开工

53. 有关预付款担保的规定，下列表述中正确的是（　　）。

A. 预付款担保的担保金额通常是发包人预付款的 10%

B. 预付款担保的担保金额在预付款全部扣回之前一直保持不变

C. 预付款担保是指承包人与发包人签订合同后领取预付款前，发包人为支付预付款提供的担保

D. 预付款担保可采取抵押担保形式

54. 下列有关缺陷责任期期限的表述，说法正确的是（　　　）。

A. 缺陷责任期从工程通过竣工验收之日起计算

B. 缺陷责任期从接收证书中确定的竣工日期起计算

C. 由于发包人原因导致工程无法按规定期限进行竣工验收的，在承包人提交竣工验收报告 90 天内，工程自动进入缺陷责任期

D. 由于客观原因导致工程无法按规定期限进行竣工验收的，在承包人提交竣工验收报告 90 天后，工程自动进入缺陷责任期

55. 根据《建设工程造价鉴定规范》GB/T 51262，关于工程造价鉴定的人员和组织，下列说法正确的是（　　　）。

A. 鉴定人必须具有工程系列高级职称

B. 对同一鉴定事项，应指定 2 名及以上鉴定人员共同进行鉴定

C. 参与鉴定工作的相关人员必须具有注册造价工程师职业资格

D. 对争议比较大的鉴定项目，应成立由 3 名鉴定人组成的鉴定项目组

56. 按照《最高人民法院关于审理建设工程施工合同纠纷案件适用法律问题的解释（一）》（法释〔2020〕25 号）的规定，若当事人对垫资没有约定的，按照（　　　）处理。

A. 是否存在垫资事实认定　　　　　　B. 不考虑垫资利息

C. 工程欠款　　　　　　　　　　　　D. 施工合同无效

57. 根据《FIDIC 施工合同条件》的规定，对于预付款返还时间的表述正确的是（　　　）。

A. 当期中支付证书的累计总额（不包括预付款及保留金的扣留与返还）超过中标合同价（减去暂定金额）的 10% 时开始返还

B. 当期中支付证书的累计总额（包括预付款及保留金的扣留与返还）超过中标合同价（减去暂定金额）的 10% 时开始返还

C. 当期中支付证书的累计总额（不包括预付款及保留金的扣留与返还）超过中标合同价（包括暂定金额）的 10% 时开始返还

D. 当期中支付证书的累计总额（包括预付款及保留金的扣留与返还）超过中标合同价（包括暂定金额）的 10% 时开始返还

58. 根据《建设项目工程总承包合同（示范文本）》GF-2020-0216 通用合同条件的规定，经双方协商，部分工作在工程竣工验收后进行的，承包人应当编制扫尾工作清单，承包人完成扫尾工作清单中的内容应取得的费用采取的结算方式是（　　　）。

A. 在扫尾工作完成并经验收合格后结算

B. 在最终结清时一并结算

C. 在质量保证金返还时结算

D. 包含在竣工结算价款中一并结算

59. 下列各项内容中，属于竣工财务决算说明书的是（　　）。

A. 项目建设资金使用、项目结余资金等分配情况

B. 转出投资明细表

C. 建设工程竣工图

D. 工程造价对比分析

60. 自创专利权的价值为开发过程中的实际支出，主要包括专利的研制成本和交易成本。下列各项中属于交易成本的是（　　）。

A. 管理费
B. 咨询鉴定费

C. 专用设备费
D. 技术服务费

二、多项选择题（共 20 题，每题 2 分。每题的备选项中，有 2 个或 2 个以上符合题意，至少有 1 个错项。错选，本题不得分；少选，所选的每个选项得 0.5 分）

61. 计算国产非标准设备原价时，常用的计算方法包括（　　）。

A. 系列设备插入估价法
B. 设备系数法

C. 分部组合估价法
D. 定额估价法

E. 平均成本法

62. 下列费用中，应计入建筑安装工程分部分项工程费的有（　　）。

A. 施工人员夜班补助
B. 挖运机械的操作人员工资

C. 安全网铺设费用
D. 现场施工机械降噪费

E. 构成永久工程的机电设备购置费

63. 在城市规划区内国有土地上实施房屋拆迁，以下各项中属于迁移补偿费的是（　　）。

A. 城市公共设施搬迁运输费

B. 房屋及附属构筑物迁建补偿费

C. 房屋产权调换

D. 企业单位因搬迁造成的停工损失补贴费

E. 企业单位因搬迁造成的拆迁管理费

64. 工程计价分为工程计量和工程组价两个环节，下列工作内容属于工程计量环节的是（　　）。

A. 确定单位工程基本构造单元
B. 划分工程项目

C. 工程单价确定
D. 工程实物量计算

E. 工程造价计算

65. 根据现行工程量清单计价规范，关于工程量清单及其编制，下列说法正确的有（　　）。

A. 工程量清单分为招标工程量清单和已标价工程量清单

B. 工程量清单以单位（项）工程为对象编制

C. 暂列金额归招标人所有，不汇总计入投标报价

D. 总承包服务费的服务内容应由投标人填写

E. 单位工程竣工结算汇总表中不再计列暂列金额

66. 在工人的工作时间分类中，下列各项通常与工作量大小无关的是（　　）。

A. 钢筋煨弯的时间
B. 木工锉锯的时间
C. 熟悉图纸的时间
D. 事后清理场地的时间
E. 违背劳动纪律损失的时间

67. 影响人工日工资单价的因素主要包括（　　）。

A. 劳动力市场的供需变化
B. 流通环节的多少
C. 政府推行的社会保障政策
D. 国际市场行情
E. 生活消费指数

68. 预算定额基价就是预算定额分项工程或结构构件的单价，现行各地区预算定额基价的表达内容不尽统一，下列各项中可以作为预算定额基价表现形式的是（　　）。

A. 成本单价
B. 工料单价
C. 除税单价
D. 清单综合单价
E. 完全综合单价

69. 下列各项中属于建设工程造价指数分类的是（　　）。

A. 工料消耗量指数
B. 人材机市场价格指数
C. 单位工程造价指数
D. 单项工程造价指数
E. 建设工程造价综合指数

70. 关于建设项目投资估算的编制，下列说法正确的有（　　）。

A. 在可行性研究阶段应选用指标估算法估算
B. 动态部分的估算应以编制年静态投资的资金使用计划为基础计算
C. 小型项目的流动资金可采用扩大指标法估算
D. 按照概算法，建设投资估算由工程费用、工程建设其他费用和预备费三部分组成
E. 按照形成资产法，建设投资估算由形成固定资产、无形资产、其他资产的费用三部分组成

71. 根据工程造价改革工作方案的要求，建设工程的各阶段计价应逐渐进行市场化改革，概算编制的市场化改革应包括的内容有（　　）。

A. 根据设计深度的不同合理选择概算编制方法
B. 主要依据概算指标或概算定额进行编制
C. 充分利用市场化的造价数据
D. 充分利用数智化技术
E. 由双方交易形成的合同价格逐渐代替工程概算

72. 有关施工招标文件包括的内容，以下表述中正确的是（　　）。

A. 评标办法可选择经评审的最低投标价法和综合评估法
B. 当未进行资格预审时，招标文件中应包括招标公告
C. 技术标准和要求不得要求某一特定的专利、商标、规格或名称
D. 如按照规定应编制最高投标限价的项目，最高投标限价应在评标时一并公布
E. 投标人须知中应规定重新招标和不再招标的条件

73. 投标人在研究招标文件时，通过投标人须知可以了解的信息有（   ）。

A. 项目资金来源   B. 付款方式

C. 投标保证金要求   D. 评标方法

E. 投标文件的递交要求

真题讲解（73题）

74. 下列关于定标委员会的组建方法，表述正确的是（   ）。

A. 定标委员会由招标人负责组建和管理，成员为 5 人以上单数

B. 定标委员会名单在中标结果公告前应当保密

C. 定标委员会组成、定标地点、定标方法和标准等内容应当在招标文件中明确

D. 招标人单位在编人员不得少于成员总数的三分之二

E. 招标人的法定代表人参加定标委员会的，不得担任定标委员会组长

75. 发承包双方按照合同约定调整合同价款的若干事项可以分为五大类，其中属于工程变更类的是（   ）。

A. 项目特征不符   B. 暂估价

C. 提前竣工   D. 工程量偏差

E. 计日工

76. 在施工机械使用费索赔时，若施工机械为承包人租赁，则索赔费的计算内容包括（   ）。

A. 台班租金   B. 台班折旧费

C. 台班人工费   D. 每台班分摊的进出场费

E. 台班其他费

77. 下列有关工程计量方法的表述，正确的是（   ）。

A. 单价合同工程量必须以承包人完成合同工程应予计量的且依据国家现行工程量计算规则计算得到的工程量确定

B. 采用工程量清单方式招标形成的总价合同，工程量应按照与单价合同相同的方式计算

C. 采用工程量清单方式招标形成的总价合同，总价合同各项目的工程量是承包人用于结算的最终工程量（除工程变更外）

D. 采用图纸预算方式发包形成的总价合同，工程量应按照与单价合同相同的方式计算

E. 采用图纸预算方式发包形成的总价合同，总价合同各项目的工程量是承包人用于结算的最终工程量（除工程变更外）

78. 鉴定人及其辅助人员应当自行提出回避的情形是（   ）。

A. 与鉴定项目有利害关系

B. 接受鉴定项目当事人、代理人吃请和礼物

C. 索取、借用鉴定项目当事人、代理人款物

D. 担任过鉴定项目咨询人

E. 与鉴定项目当事人、代理人有其他利害关系，可能影响鉴定公正性

79. 根据《建设项目工程总承包合同（示范文本）》GF-2020-0216 通用合同条件的规定，下列关于合同价款调整的表述正确的是（   ）。

A. 变更的提出包括发包人指示变更和承包人合理化建议

B. 暂估价项目的中标金额与价格清单中所列暂估价的金额差应列入合同价格，不需考虑对税金的影响

C. 暂列金额可用于支付发包人指示的变更

D. 通用合同条件中采用价格指数法和造价信息法调整合同价格

E. 计日工应列入最近一期进度付款申请单，经发包人批准后列入进度付款

80. 下列各项中属于竣工决算核心内容的是（   ）。

A. 竣工财务决算说明书   B. 竣工财务决算报表

C. 工程竣工图   D. 工程竣工造价对比分析

E. 新增资产价值的核定结果

模拟题二

一、单项选择题（共 **60** 题，每题 **1** 分。每题的备选项中，只有一个最符合题意）

1. 某建设项目工程费用为 10000 万元，工程建设其他费用为 2000 万元，预备费为 600 万元，建设期贷款为 8000 万元，建设期利息为 800 万元，流动资金为 400 万元。该项目建设投资为（   ）万元。

A. 13400

B. 12600

C. 13800

D. 21000

2. 在国产非标准设备原价计算过程中，可以作为利润计算基数的是（   ）。

A. 外购配套件费

B. 增值税

C. 包装费

D. 非标准设备设计费

3. 在计算设备购置费时，对备品备件费的处理正确的是（   ）。

A. 计入设备运杂费

B. 计入设备原价

C. 国产设备的备品备件费计入设备原价，进口设备的备品备件费计入设备运杂费

D. 进口设备的备品备件费计入设备原价，国产设备的备品备件费计入设备运杂费

4. 按费用构成要素划分建筑安装工程费用项目构成，下列各项中属于材料费的是（   ）。

A. 材料原价、运杂费中包含的增值税进项税额

B. 工业、交通项目中的建筑设备购置费

C. 企业按规定发放的劳动保护用品的支出

D. 施工企业对材料、构件进行一般鉴定、检查所发生的费用

5. 垂直运输费的计算方法通常是（   ）。

A. 按照施工工期日历天数以"昼夜"为单位计算

B. 按照施工工期日历天数以"天"为单位计算

C. 按照施工工期日历天数以"m^2"为单位计算

D. 按照建筑面积以"天"为单位计算

6. 下列各项中，可以计入项目建设管理费的是（   ）。

A. 委托咨询机构进行施工项目管理服务发生的施工项目管理费

B. 委托代建机构开展代建工作发生的代建管理费

C. 委托咨询机构提供技术服务发生的设计评审费

D. 委托咨询机构提供经济服务发生的工程造价咨询费

真题讲解
（6题）

7. 关于工程建设其他费用中用地与工程准备费的内容，下列说法中正确的是（   ）。

A. 土地使用权租赁方式适用于各种性质的土地使用权出让

B. 迁移补偿费中应包括企业单位因搬迁造成的减产、停工损失补贴费、拆迁管理费等

C. 建设项目场地准备费中不包括地上余留设施拆除清理的费用

D. 新建项目的临时设施费应按工程费用的比例计算

8. 基本预备费率的取值方式为（　　）。

A. 由估算人员根据实际情况预测　　　　B. 执行国家及部门的有关规定

C. 参照同区域同类型项目数据估计　　　D. 执行项目所在地的有关规定

9. 某新建项目，建设期为 3 年，分年均衡进行贷款，第一年贷款 300 万元，第二年贷款 600 万元，第三年贷款 400 万元，年利率 12%，建设期内利息只计息不支付，则建设期利息为（　　）万元。

A. 18

B. 143.06

C. 235.22

D. 74.16

10. 在工程造价的计价过程中，确定单位工程基本构造单元属于（　　）的工作内容。

A. 工程量的计算　　　　　　　　　　　B. 工程项目的划分

C. 工程单价的确定　　　　　　　　　　D. 总价的计算

11. 下列各项中属于工程造价管理体系但不属于工程计价依据体系的是（　　）。

A. 工程造价管理的相关法律法规体系　　B. 工程造价管理标准体系

C. 工程计价定额体系　　　　　　　　　D. 工程计价信息体系

12. 根据《建设工程工程量清单计价规范》GB 50500 的规定，在编制分部分项工程和单价措施项目清单与计价表时，应由投标人在编制投标报价时填列的是（　　）。

A. 项目特征描述　　　　　　　　　　　B. 金额中的暂估价

C. 计量单位　　　　　　　　　　　　　D. 工程量

13. 我国目前使用的《建设工程工程量清单计价规范》和工程量计算规范主要适用于（　　）的发承包活动。

A. 可行性研究报告批复后　　　　　　　B. 施工图设计完成后

C. 初步设计完成后　　　　　　　　　　D. 技术设计完成后

14. 招标工程量清单编制中，应由招标人填写暂定数量的其他项目是（　　）。

A. 计日工　　　　　　　　　　　　　　B. 专业工程暂估价

C. 暂列金额　　　　　　　　　　　　　D. 总承包服务费

15. 在施工过程的影响因素中，下列各项中属于技术因素的是（　　）。

A. 工人的技术水平　　　　　　　　　　B. 所用材料的规格和性能

C. 施工组织和施工方法　　　　　　　　D. 工资分配方式

16. 确定施工机械台班消耗量时，若循环动作机械各组成部分的正常延续时间中有交叠时间，则在确定机械 1h 纯工作正常生产率时正确的处理方法是（　　）。

A. 加上交叠时间

B. 不考虑交叠时间的影响

C. 扣除交叠时间

D. 交叠时间应计入机械一次循环的正常延续时间

17. 用干混砂浆贴 800mm×800mm 地砖地面，砂浆结合层厚度为 20mm，砂浆损耗率为 2%，不考虑砂浆灰缝用量，则每铺贴 100m² 地面砂浆消耗量为（　　）m³。

A. 2.041　　　　　　　　　　　　　B. 2.040

C. 2.319　　　　　　　　　　　　　D. 2.140

18. 根据人工日工资单价的组成，下列各项中属于津贴补贴的是（　　）。

A. 增收节支支付给个人的劳动报酬

B. 定期休假时按计时工资标准的一定比例支付的工资

C. 保证职工工资水平不受物价影响支付给个人的物价补贴

D. 执行国家或社会义务按计件工资标准的一定比例支付的工资

19. 对于材料单价的计算，下列表述中正确的是（　　）。

A. 当材料供货方是小规模纳税人时，购货方购买价格中包含的增值税是不能扣除的

B. 对于进口材料，材料原价是指抵达买方边境、港口或车站并缴纳完各种手续费、税费后形成的价格

C. 当同种材料有几种原价时，应以不同供应地点的需要量为权重计算加权平均综合单价

D. 材料运杂费中包含装卸费、运输费和运输损耗等

20. 以下各项中，属于预算定额人工消耗量中辅助用工的是（　　）。

A. 工序交接时，对前一工序不可避免的修整用工

B. 电焊点火用工

C. 不可避免的其他零星用工

D. 隐蔽工程验收工作而影响工人操作的时间

21. 大数据技术对工程造价管理有很深远的影响，下列各项中属于为智能决策提供支持的是（　　）。

A. 提高项目各阶段协同工作的效率

B. 为主管部门规范工程发承包市场提供依据

C. 可用于识别并治理围标串标等违法行为

D. 有利于施工成本管理

22. 现从 30 个建设工程造价数据中随机抽取 7 个项目的 C20 商品混凝土的材料单价及消耗量，数据见下表。采用数据统计法测算，该商品混凝土单价指标是（　　）元/m³。

真题讲解
（22题）

C20 商品混凝土的材料单价及消耗量

项目编号	1	2	3	4	5	6	7
材料单价（元/m³）	400	350	475	500	450	550	525
消耗量（m³）	2500	3000	4000	1500	2000	2000	5000

A. 466.25　　　　　　　　　　　　B. 464.29

C. 470.00   D. 478.33

23. 在项目决策阶段确定合理建设规模时需要考虑环境因素，下列各类项目中需要考虑地质条件因素的是（   ）。

A. 金属与非金属矿山项目   B. 水利水电项目

C. 铁路项目   D. 技术改造项目

24. 当拟建建设项目与类似建设项目的主体工程费比重较大，行业内相关系数等基础资料完备时，常用的投资估算编制方法为（   ）。

A. 系数估算法   B. 比例估算法

C. 生产能力指数法   D. 混合法

25. 某地 2020 年拟建一座年产 15 万辆某品牌汽车的汽车厂。根据调查，该地区 2017 年已建年产 10 万辆类似品牌的项目的建筑工程费为 2.5 亿元，安装工程费为 2 亿元，设备购置费为 5 亿元。已知按 2020 年该地区价格计算的拟建项目设备购置费为 7.5 亿元，征地拆迁等其他费用为 1 亿元，且该地区 2017~2020 年建筑安装工程费平均每年递增 5%，则该拟建项目的静态投资估算为（   ）亿元。

A. 14.314   B. 13.314

C. 15.314   D. 16.314

26. 编制建设投资估算表时，若按照形成资产法分类，预备费通常应（   ）。

A. 归入固定资产费用   B. 归入无形资产费用

C. 归入其他资产费用   D. 单独列项

27. 根据《建筑工程设计文件编制深度规定》，工业厂房、民用建筑、仓库及配套工程的新建、改建、扩建工程设计，必须包括的阶段是（   ）。

A. 方案设计、初步设计和施工图设计

B. 方案设计、初步设计、技术设计和施工图设计

C. 方案设计和施工图设计

D. 施工图设计

28. 下列关于建筑周长系数的表述中，正确的是（   ）。

A. 建筑周长系数为建筑面积与建筑物周长比

B. 建筑物平面形状的设计应在降低建筑周长系数的前提下，尽可能满足建筑物的使用功能

C. 圆形建筑的建筑工程造价是最低的

D. 通常情况下建筑周长系数越低，设计方案越经济

29. 当采用类似工程预算法编制建筑工程概算时，需要利用调差公式 $D=A \cdot K$ 进行价差调整，公式中的 A 和 D 通常可以是（   ）。

A. 成本单价或综合单价   B. 成本单价或全费用综合单价

C. 工料单价或综合单价   D. 工料单价或成本单价

30. 应用概算定额法编制建筑工程概算，如采用全费用综合单价，则单位工程概算造价计算公式为（   ）。

A. 分部分项工程费+措施项目费

B. 分部分项工程费+措施项目费+其他项目费

C. 分部分项工程费+措施项目费+规费+税金

D. 直接费+企业管理费+利润+税金

31. 与设计概算相比，施工图预算市场化发展趋势可能遇到的特殊问题是（　　）。

A. 根据设计深度的不同合理选择编制方法

B. 充分利用市场化的造价数据

C. 充分利用数智化技术

D. 出现了由双方交易形成的合同价格逐渐代替施工图预算作为造价管控目标的发展趋势

32. 下列工程预算文件的组成部分中，不属于二级预算组成内容的是（　　）。

A. 签署页　　　　　　　　　　　B. 综合预算表

C. 总预算表　　　　　　　　　　D. 附件

33. 在施工招标文件的各项内容中，下列各项中属于投标人须知的是（　　）。

A. 招标文件的获取　　　　　　　B. 要求投标人提交的履约担保

C. 投标文件编制所应依据的参考格式　D. 规定的各项技术标准

34. 与设标底招标以及采用招标控制价招标比较，无标底招标的主要缺陷是（　　）。

A. 容易失去招标的公平公正性　　B. 不利于引导投标人理性竞争

C. 容易出现围标串标现象　　　　D. 容易影响招标效率，要进行二次招标

35. 根据最高投标限价编制的市场化发展趋势，对于可采用参考类似工程、市场询价方式确定价格的，最终选定价格数据应保证数据来源达到一定数量标准，通常不应少于（　　）。

A. 3个　　　　　　　　　　　　B. 4个

C. 5个　　　　　　　　　　　　D. 6个

36. 下列有关分部分项工程量清单编制的表述，正确的是（　　）。

A. 当同一招标项目中的不同单位工程中包含相同项目特征的分部分项工程量清单项目时，允许使用相同的项目编码

B. 分部分项工程量清单的项目名称应按照专业工程计量规范附录的项目名称确定

C. 即使采用施工图纸能够满足项目特征描述的需要，仍应用文字进行项目特征描述

D. 项目特征的描述应按附录中的规定，结合拟建工程的实际，满足确定综合单价的需要

37. 根据现行工程量清单计价规范，关于最高投标限价的管理规定，下列说法正确的是（　　）。

A. 实施工程量清单招标的项目，应编制最高投标限价

B. 最高投标限价可以设立合理的上浮或下调比例

C. 投标人认为最高投标限价不符合规范的，应在其公布后7天内向工程造价管理机构投诉

D. 工程造价管理机构复查结论与原公布的最高投标限价误差大于±3%时，应责成招标人改正

38. 确定投标报价综合单价的工作步骤有：①分析清单项目工程内容；②计算分部分

项工程人材机费；③计算工程数量与清单单位含量；④确定计算基础；⑤计算综合单价，上述步骤正确的顺序是（　　　）。

A. ①③②④⑤ 　　　　　　　　　　B. ④③①②⑤

C. ①④②③⑤ 　　　　　　　　　　D. ④①③②⑤

39. 下列行为中，应属于（而非视为）投标人相互串通投标的是（　　　）。

A. 不同投标人的投标文件相互混装

B. 投标人之间协商投标报价等投标文件的实质性内容

C. 某投标人的项目管理成员曾在另一投标人单位任职的

D. 不同投标人委托同一单位或者个人办理投标事宜

40. 根据《建设工程造价咨询规范》GB/T 51095 的规定，下列各项中属于清标工作内容的是（　　　）。

A. 投标文件格式符合要求 　　　　　B. 报价唯一

C. 暂列金额、暂估价正确性分析 　　D. 联合体是否提交联合体协议书

41. 某项目招标采用经评审的最低投标价法评标，共有甲、乙、丙三位投标人，招标文件中规定了工期提前效益对报价的修正（工期每提前 1 个月有 10 万元评标优惠）。已知三名投标人的投标报价、工期以及基准工期如下表所示。则推荐的中标候选人排序为（　　　）。

三名投标人的投标报价、工期及基准工期

投标人	甲	乙	丙
投标报价（万元）	1000	990	1030
工期（月）	18	19	15
基准工期（月）	20		

A. 甲、乙、丙 　　　　　　　　　　B. 乙、甲、丙

C. 丙、乙、甲 　　　　　　　　　　D. 三者并列

42. 在国际工程投标报价过程中，下列关于现场管理费和总部管理费表述正确的是（　　　）。

A. 现场管理费计入直接费，总部管理费计入间接费

B. 现场管理费计入直接费，总部管理费计入其他费用

C. 现场管理费计入间接费，总部管理费计入其他费用

D. 现场管理费和总部管理费均应计入间接费

43. 在国际工程投标报价中，人工日工资单价通常是指国内派出工人和工程所在国招募的工人每个工作日的平均工资单价。其中国内派出工人出国期间的总费用通常包括（　　　）。

A. 出国准备到回国休整结束后的全部费用

B. 到达工程所在国到回国休整结束后的全部费用

C. 出国准备到离开工程所在国前的全部费用

D. 到达工程所在国到离开工程所在国前的全部费用

44. 采用经评审的最低投标价法进行工程总承包评标，在初步评审标准中不包括（　　　）。

A. 响应性评审标准   B. 承包人建议书评审标准

C. 承包人实施方案评审标准   D. 资信业绩评审标准

45. 由于承包人的原因导致的工期延误，在工程延误期间，国家的法律、行政法规和相关政策发生变化引起工程造价变化的，采取的调整合同价款原则为（　　）。

A. 按不利于承包人的原则调整合同价款

B. 合同价款均应予以调整

C. 合同价款均不予以调整

D. 造成合同价款增加的，合同价款应予调整；造成合同价款减少的，合同价款不予调整

46. 某建设项目采用招标方式选择承包人，已知该项目招标控制价为 6000 万元，承包人中标价为 5700 万元，在招标控制价和中标价中同时包括安全文明施工费 100 万元，暂列金额 300 万元，暂估价 500 万元。则该项目承包人报价浮动率为（　　）。

A. 5.08%   B. 5.00%

C. 5.36%   D. 5.45%

47. 下列各类工程中适合采用造价信息调整价格差额的是（　　）。

A. 土木工程   B. 公路工程

C. 装饰工程   D. 水坝工程

48. 某工程项目招标工程量清单数量为 $800m^3$，施工中变更为 $1000m^3$，该项目最高投标限价综合单价为 500 元$/m^3$，投标报价为 600 元$/m^3$。合同约定实际工程量与招标工程量偏差超过 $\pm15\%$ 时允许调整综合单价。按照工程量清单计价规范的相关规定，调整后的综合单价应为（　　）元$/m^3$。

A. 500   B. 600

C. 575   D. 625

49. 已知某机械台班单价为 350 元/台班，具体组成为：台班折旧费 120 元，台班检修费 30 元，台班维护费 20 元，台班安拆及场外运费 60 元，台班人工费 100 元，台班燃料动力费 15 元。若该机械为承包人自有施工机械，则台班停滞费为（　　）元/台班。

A. 100   B. 220

C. 350   D. 225

50. 有关工程变更类合同价款调整事项的规定，下列表述中正确的是（　　）。

A. 项目特征不符是指设计变更后的图纸与招标工程量清单任一项目的特征描述不符

B. 新增分部分项工程清单项目后，引起措施项目发生变化的，承包人可以申请调整合同价款

C. 若施工合同中没有约定工程量偏差引起的综合单价调整原则，则综合单价不做调整

D. 计日工属于其他类合同价款调整事项

51. 某施工合同总价 3 亿元，两年内均衡施工。已知主要材料、设备价值占合同总价的比例分别为 54%、6%，主要材料、设备储备天数平均为 60 天，年度施工天数按 360 天考虑，按公式计算法计算该工程的年度预付款应为（　　）万元。

A. 2700   B. 1500

C. 1350   D. 3000

52. 下列关于过程结算的表述，说法正确的是（   ）。

A. 推行过程结算的目的是减少工程实践中在竣工时进行全面的竣工结算审核

B. 已签发的进度款支付证书不得再进行修正

C. 国有企业建设工程进度款支付应不低于已完成工程价款

D. 经双方确认的过程结算文件竣工后应重新审核

53. 缺陷责任期从工程通过竣工验收之日起计，一般为（   ）。

A. 1 年   B. 2 年

C. 5 年   D. 设计使用年限

54. 某工程项目由于承包人违约导致合同解除。下列费用中，发包人应向承包人支付的是（   ）。

A. 临建设施拆除费   B. 分包人员退场遣送费

C. 施工机械出场费   D. 按施工计划已运至现场的材料货款

55. 根据《最高人民法院关于审理建设工程施工合同纠纷案件适用法律问题的解释（一）》（法释〔2020〕25 号），招标人和中标人另行签订合同约定的实质性内容与中标合同不一致，可能导致另行签订的合同无效，以下各项中属于实质性内容的是（   ）。

A. 工程范围、建设工期、工程质量、施工方案等

B. 工程范围、建设工期、工程质量、工程价款等

C. 施工方案、建设工期、工程质量、工程价款等

D. 工程范围、施工方案、工程质量、工程价款等

56. 若争议标的涉及的工程造价金额为 3000 万元，则按照最多允许次数申请延长后鉴定期限应为（   ）。

A. 80 天   B. 80 个工作日

C. 150 天   D. 150 个工作日

57. 根据《建设项目工程总承包合同（示范文本）》GF-2020-0216，下列变化因素中，不属于工程总承包合同价款调整主要原因的是（   ）。

A. 计日工单价变化   B. 分包人的替换

C. 工程变更   D. 物价波动

58. 根据《FIDIC 施工合同条件》的规定，针对工程材料和设备款的预支，装运后付款的材料和设备需要达到的预支条件是（   ）。

A. 已在材料、设备供应国装船

B. 已在材料、设备供应国装船，并正在运往工程所在国途中

C. 运至工程所在国，并正在运往现场的途中

D. 已经运至现场并妥善存放，而且承包商已经采取了防护措施

59. 关于中央项目竣工财务决算，中央项目主管部门本级以及不向财政部报送年度部门决算的中央单位的项目竣工财务决算，应由（   ）批复。

A. 中央项目主管部门   B. 财政部

C. 同级财政部门　　　　　　　　　D. 发展与改革部门

60. 下列各项中，可以计入无形资产价值的是（　　）。

A. 行政划拨的土地使用权　　　　　B. 自创的专有技术

C. 自创的商标权　　　　　　　　　D. 自创的专利权

二、多项选择题（共 **20** 题，每题 **2** 分。每题的备选项中，有 **2** 个或 **2** 个以上符合题意，至少有 **1** 个错项。错选，本题不得分；少选，所选的每个选项得 **0.5** 分）

61. 当计算进口设备从属费时，下列各组费用计算基数相同的是（　　）。

A. 银行财务费和外贸手续费　　　　B. 外贸手续费和关税

C. 关税和消费税　　　　　　　　　D. 消费税和增值税

E. 增值税和车辆购置税

62. 关于增值税的税务筹划，下列说法中正确的是（　　）。

A. 计税方法一经选择，36 个月内不得变更

B. 选择简易计税法可降低承包人的实际税负

C. 计税方法的选择实际上关键取决于可抵扣的进项税额

D. 计税方法的选择权应归属于发包人

E. 当预判的可抵扣进项税额高于无差别平衡点时，承包人应选择一般计税方法

63. 下列各项中属于工程建设其他费用中配套设施费的是（　　）。

A. 城市基础设施配套费　　　　　　B. 场地准备及临时设施费

C. 人防易地建设费　　　　　　　　D. 特殊设备安全监督检验费

E. 生产准备费

64. 下列关于工程定额作用及改革的表述，正确的是（　　）。

A. 工程定额包括工程消耗量定额、工程计价定额和工期定额

B. 庞大的工程计价定额体系更新困难，已不适应我国工程管理发展趋势的需要

C. 我国工程计价定额体系基本满足了各类建设工程计价的需要

D. 完善工程计价依据发布机制的重要任务是逐步停止发布预算定额

E. 大数据的应用不仅可以节省定额测定方面的人力物力财力，而且提高了工作效率

65. 在招标工程量清单编制过程中，需要由招标人提供金额的是（　　）。

A. 暂列金额　　　　　　　　　　　B. 计日工

C. 暂估价　　　　　　　　　　　　D. 单价措施项目

E. 总价措施项目

66. 根据工程定额编制要求，下列时间、材料、施工机具的消耗，应计入人工、材料或施工机具台班消耗量的有（　　）。

A. 工序作业时间之外的规范时间

B. 不可避免的施工废料和材料损耗量

C. 模板、脚手架等非实体材料的使用量

D. 施工本身原因造成的机械停工时间

E. 施工仪器仪表的台班消耗量

真题讲解
（66题）

67. 在计算人工日工资单价时，需要计算年平均每月法定工作日，下列各项中属于法定节假日的是（　　）。

A. 双休日
B. 定期休假
C. 法定节日
D. 病假
E. 探亲假

68. 设置概算定额的项目划分时，下列各项中属于按工程部位划分的是（　　）。

A. 门窗
B. 墙体
C. 屋盖
D. 土石方
E. 楼地面

69. 当用数据统计法编制工程造价指标时，需要从样本序列两端各去掉5%的边缘项目后进行加权平均计算的是（　　）。

A. 建设工程经济指标
B. 建设工程单价指标
C. 工程量指标
D. 单项工程造价指标
E. 消耗量指标

70. 关于项目决策与工程造价的关系，以下表述中正确的是（　　）。

A. 工程造价合理性是项目决策正确性的前提
B. 项目决策的内容是决定工程造价的基础
C. 项目决策的深度影响投资估算的精确度
D. 工程造价的数额影响项目决策的结果
E. 正确的项目投资决策来源于正确的项目投资行动

71. 在进行建筑设计时，下列有关建筑结构选择的表述，正确的是（　　）。

A. 五层以下建筑物一般选用框架结构
B. 大跨度建筑一般选用钢筋混凝土结构
C. 大中型工业厂房一般选用钢筋混凝土结构
D. 多层房屋一般选用钢结构
E. 超高层建筑一般选用框架结构和剪力墙结构

72. 根据现行工程量清单计价规范，关于招标工程量清单编制，下列说法正确的有（　　）。

A. 应在现场踏勘的基础上进行编制
B. 工程量清单总说明中应明确对工程质量、材料和施工等的特殊要求
C. 项目名称应根据工程量计算规范附录中给定的项目名称确定
D. 冬雨期施工费、综合脚手架费均应列入总价措施费
E. 总承包服务费应列明服务内容和取费标准

73. 关于投标文件编制时应遵循的规定，下列表述中正确的是（　　）。

A. 除招标文件另有规定外，投标函附录不得提出比招标文件要求更能吸引招标人的承诺
B. 投标文件应当对招标文件有关工期、投标有效期、质量要求、技术标准和要求、招标范围等实质性内容做出响应

C. 投标文件委托代理人签字的，投标文件中应附法定代表人签署的授权委托书

D. 投标文件只有一份正本

E. 招标人认为中标人的备选投标方案优于其按照招标文件要求编制的投标方案的，可以接受该备选投标方案

74. 根据"评定分离"原则的定标方法，下列各项中属于价格竞争定标法的是（　　）。

A. 最低投标价法　　　　　　　　　B. 次低价法

C. 票决定标法　　　　　　　　　　D. 平均值法

E. 集体议事法

75. 关于对承包人提出的工期索赔的处理，下列说法正确的有（　　）。

A. 只有可原谅的延期部分才能批准顺延工期

B. 应考虑被延误工作存在的总时差来确定工期索赔时间

C. 非承包人责任事件并未造成施工成本额外支出的，工期索赔不伴随费用索赔

D. 初始延误属于客观原因的，可得到工期和费用补偿

E. 初始延误发生期间发生影响较大的并发延误，应视影响程度由原因双方共同承担责任

76. 当采用造价信息调整价格差额时，下列表述中正确的是（　　）。

A. 需要进行价格调整的材料，单价由承包人复核，采购数量由发包人复核

B. 如果承包人投标报价中材料单价低于基准单价，则单价涨幅以基准单价为基础判断

C. 如果承包人投标报价中材料单价低于基准单价，则单价涨幅以投标报价为基础判断

D. 如果承包人投标报价中材料单价高于基准单价，则单价跌幅以基准单价为基础判断

E. 如果承包人投标报价中材料单价高于基准单价，则单价跌幅以投标报价为基础判断

77. 下列各项中，属于工程竣工结算文件编制主要依据的是（　　）。

A. 与工程结算有关的法律法规和标准　　B. 发承包双方已确认的过程结算资料

C. 竣工图　　　　　　　　　　　　　　D. 招标文件

E. 发承包双方未确认应调整款项的资料

78. 在合同价款纠纷的处理方式中，下列有关仲裁方式的使用，表述正确的是（　　）。

A. 仲裁协议中应当包括仲裁庭的组建方式

B. 没有仲裁协议或仲裁协议无效的，当事人不能提请仲裁机构仲裁

C. 一方当事人不履行仲裁裁决的，另一方当事人可以向仲裁机构申请强制执行

D. 仲裁是当事人自愿将争议事项提交双方选定的仲裁机构进行裁决的一种解决方式

E. 仲裁协议中未包括仲裁事项，不影响仲裁协议的有效性

79. 根据《建设项目工程总承包合同（示范文本）》GF-2020-0216 通用合同条件，发包人逾期支付进度款，下列各项中可能作为支付利息采用利率的是（　　）。

A. 贷款市场报价利率（LPR）   B. 贷款市场报价利率（LPR）的两倍

C. 贷款市场报价利率（LPR）的四倍   D. 贷款市场报价利率（LPR）的六倍

E. 贷款市场报价利率（LPR）的八倍

80. 根据《基本建设财务规则》（中华人民共和国财政部令第 81 号）和《基本建设项目建设成本管理规定》的规定，下列各项中构成建设项目建设成本的是（   ）。

A. 设备及工器具投资支出   B. 待摊投资支出

C. 其他投资支出   D. 待核销基建支出

E. 转出投资支出

模拟题三

一、单项选择题（共 60 题，每题 1 分。每题的备选项中，只有一个最符合题意）

1. 下列各项中属于工程造价但不属于建设投资的是（　　）。
A. 工程建设其他费用
B. 基本预备费
C. 建设期利息
D. 价差预备费

2. 下列有关设备原价的表述，正确的是（　　）。
A. 国产设备原价一般指的是设备制造厂的交货价或订货合同价的加权平均价格
B. 进口设备的原价是指进口设备的离岸价
C. 由于增值税的进项税额可以抵扣，因此设备原价中应不包括增值税
D. 设备原价通常包含备品备件费在内

3. 在进口从属费的计算过程中，下列各项的计算基数中不包含关税完税价格的是（　　）。
A. 银行财务费
B. 关税
C. 消费税
D. 外贸手续费

4. 假设某项目一般纳税人含税的合同总额为 8000 万元，工程分包的合同金额为 2000 万元（不含税），在不考虑各项附加税的条件下，则此项业务的无差别平衡点可抵扣进项税额为（　　）万元。
A. 485.80
B. 487.54
C. 495.41
D. 490.46

真题讲解
（4 题）

5. 在工程施工过程中，为保证工程施工正常进行，在地下室等特殊部位施工时所采用的照明设备的安拆、维护及照明用电等费用属于（　　）。
A. 安全文明施工费
B. 非夜间施工照明费
C. 夜间施工增加费
D. 应予计量的措施项目费

6. 下列关于征地补偿费的表述，正确的是（　　）。
A. 土地补偿费归农民个人所有
B. 凡在协商征地方案后抢种的农作物、树木等，一律不予补偿
C. 安置补助费的标准应每年调整或重新公布一次
D. 征地补偿费可以实行货币补偿，也可以实行房屋产权置换

7. 在工程建设其他费用中，BIM 技术服务费应属于（　　）。
A. 项目建设管理费
B. 施工项目管理费
C. 工程咨询服务费
D. 设计费

8. 已知某建设项目设备购置费为 5000 万元，建筑安装工程费 3000 万元，工程建设其他费用 1000 万元，基本预备费率为 10%，项目建设前期年限为 2 年，建设期为 4 年，

各年投资计划为：第一年完成投资 20%，第二年完成 30%，第三年完成 35%，第四年完成 15%。年均投资价格上涨率为 5%，则该建设项目建设期第三年的价差预备费为（ ）万元。

A. 256.86

B. 457.08

C. 553.05

D. 850.74

9. 某建设项目，建设期为 3 年，分年均衡进行贷款，第一年贷款 500 万元，第二年贷款 1000 万元，第三年贷款 300 万元，年利率为 10%，建设期内利息当年支付，则该项目建设期利息为（ ）万元。

A. 25

B. 102.5

C. 290

D. 305.25

10. 根据分部组合计价原理，工程计价工作通常可以分为（ ）。

A. 工程项目的划分和工程量的计算

B. 工程计量和工程组价

C. 工程单价的确定和总价的计算

D. 工程量的计算和总价的计算

11. 在工程定额体系中，完成一定计量单位的某一施工过程或基本工序所需消耗的人工、材料和施工机具台班的数量标准是（ ）。

A. 概算指标

B. 概算定额

C. 施工定额

D. 预算定额

12. 当编制分部分项工程和单价措施项目清单与计价表时，为了计取规费等的需要，可在表中增设的项目是（ ）。

A. 定额直接费

B. 定额人工费

C. 暂估价

D. 定额人工费与施工机具使用费之和

13. 在以下各项中，需要由招标人在工程量清单中提供金额的是（ ）。

A. 总承包服务费

B. 社会保险费

C. 暂列金额

D. 计日工

14. 模拟工程量清单与现行国家标准《建设工程工程量清单计价规范》GB 50500 中的标准工程量清单，最大的区别是（ ）。

A. 造价形成机制不同

B. 标准格式不同

C. 风险分担不同

D. 编制基础不同

15. 在损失时间中，应该在编制定额时予以合理考虑的时间是（ ）。

A. 多余工作时间

B. 施工本身造成的停工时间

C. 违背劳动纪律损失的时间

D. 非施工本身造成的停工时间

16. 完成某分部分项工程 $1m^3$ 的基本工时为 2h，辅助工作时间占工序作业时间的 10%，准备与结束工作时间、不可避免的中断时间、休息时间合计占工作日的 20%。该工程的产量定额为（ ）。

A. 0.347 工日/m^3

B. 0.344 工日/m^3

C. 2.91m^3/工日

D. 2.88m^3/工日

17. 在机器施工过程中，汽车运输重量轻而体积大的货物所消耗的时间应属于（ ）。

A. 有效工作时间

B. 不可避免的中断时间

C. 不可避免的无负荷工作时间　　　　　D. 多余工作时间

18. 计算人工日工资单价时，需要确定年平均每月法定工作日，计算公式正确的是（　　）。

A. 年平均每月法定工作日＝（全年日历日-法定节日）/12

B. 年平均每月法定工作日＝（全年日历日-法定双休日）/12

C. 年平均每月法定工作日＝（全年日历日-法定假日）/12

D. 年平均每月法定工作日＝全年日历日/12

19. 某建设项目从两个不同的地点采购材料（适用13%增值税率），其供应量及有关费用如下表所示（表中原价、运杂费均为含税价格，且地点一供料采用"一票制"支付方式，地点二供料采用"两票制"支付方式），则该材料的单价为（　　）元/t。

供应量及有关费用

供应点	采购量（t）	原价（元/t）	运杂费（元/t）	运输损耗率（%）	采购及保管费率（%）
地点一	300	240	20	0.5	3.5
地点二	200	250	15	0.4	

A. 241.08　　　　　　　　　　　　　　B. 272.42

C. 241.28　　　　　　　　　　　　　　D. 241.68

20. 在预算定额人工工日消耗量计算时，按劳动定额规定应增（减）计算的用工量属于（　　）。

A. 超运距用工　　　　　　　　　　　　B. 基本用工

C. 辅助用工　　　　　　　　　　　　　D. 人工幅度差

21. 根据工程造价指标层级的不同，通常可以将其分为（　　）。

A. 建设项目总投资指标和单项工程投资指标

B. 工程经济指标、工程量指标、工料价格与消耗量指标

C. 建设项目总投资指标和建设项目投资明细指标

D. 建设项目总投资指标、单项工程投资指标和单位工程投资指标

22. 某地区2022年上半年发布的人工单价见下表。若以2022年3月为基期（基期价格指数为100），则2022年4、5月的人工费价格指数分别是（　　）。

某地区2022年上半年的人工单价

月份	1	2	3	4	5	6
人工单价（元/工日）	100	105	110	121	116	110

A. 121.00，116.00　　　　　　　　　　B. 121.00，95.86

C. 110.00，105.45　　　　　　　　　　D. 115.24，110.48

23. 在项目决策阶段影响工程造价的因素中，下列各项中属于影响建设规模的技术因素的是（　　）。

A. 资源技术和环境治理技术　　　　　　B. 资源技术和生产技术

C. 环境治理技术和管理技术　　　　　　D. 生产技术和管理技术

24. 在建设规模方案比选时，以项目各工序生产能力或现有标准设备的生产能力为基础，并以各工序生产能力的最小公倍数为准，通过填平补齐，成龙配套，形成最佳的生产规模的方法属于（　　）。

A. 生产能力平衡法　　　　　　　　B. 盈亏平衡产量分析法

C. 平均成本法　　　　　　　　　　D. 政府或行业规定

25. 下列关于安装工程费估算的描述，说法正确的是（　　）。

A. 安装工程费包括安装主材费在内

B. 安装工程费均以单位工程为单元进行计算

C. 电气设备及自控仪表安装费一般根据设备重量和相应综合单价指标进行估算

D. 安装主材费可以根据行业和地方相关部门定期发布的价格信息或市场询价进行估算

26. 关于流动资金的分项详细估算，下列计算公式正确的是（　　）。

A. 流动资产=预收账款+存货+库存现金

B. 预付账款=年经营成本/预付账款周转次数

C. 现金=年工资福利费/现金周转次数

D. 流动负债=应付账款+预收账款

27. 在影响工业建设项目工程造价的主要因素中，属于建筑设计中空间组合要素的是（　　）。

A. 建筑结构　　　　　　　　　　　B. 室内外高差

C. 建筑物的体积与面积　　　　　　D. 柱网布置

28. 在设计概算中，作为项目筹措、供应和控制资金使用限额的是（　　）。

A. 单项工程费　　　　　　　　　　B. 建设投资

C. 动态投资　　　　　　　　　　　D. 静态投资

29. 某地新建一公寓工程，当地同期类似工程概算指标为 1820 元/m^2。新建工程和类似工程概算指标相比，现浇钢筋部分有所不同（如下表所示）。新建工程结构差异修正后的概算指标应为（　　）元/m^2。

新建工程与类似工程概算指标情况

工程项目	材料名称	含量 （kg/m^2）	带肋钢筋单价 （元/kg）	现浇构件带肋钢筋 综合单价（元/kg）
类似工程	带肋钢筋（HRB400 综合）	62.0	3.82	5.20
新建工程	带肋钢筋（HRB600 综合）	54.0	3.94	5.65

A. 1778.40　　　　　　　　　　　B. 1802.70

C. 1795.92　　　　　　　　　　　D. 1789.44

30. 针对建筑物的体积与面积，民用建筑设计应尽量减小（　　）。

A. 建筑面积系数　　　　　　　　　B. 结构面积系数

C. 有效面积系数　　　　　　　　　D. 使用面积系数

31. 与实物量法编制施工图预算相比，工料单价法编制施工图预算时，在准备工作阶段需要完成的不同工作是（　　）。

A. 收集适用的单位估价表　　　　B. 收集施工图预算的编制依据

C. 熟悉施工图等基础资料　　　　D. 了解施工组织设计和施工现场情况

32. 在进行三级预算编制时，单项工程综合预算书中包含的内容有（　　）。

A. 综合预算表　　　　　　　　　B. 工程建设其他费

C. 流动资金　　　　　　　　　　D. 预备费

33. 有关投标人须知前附表的编制，以下表述中正确的是（　　）。

A. 投标人须知前附表由评标委员会根据招标项目具体特点和实际需要编制和填写

B. 投标人须知前附表与投标人须知正文内容不一致的，以投标人须知前附表内容为准

C. 投标人须知正文中的未尽事宜可以通过投标人须知前附表进一步明确

D. 投标人须知前附表与招标文件的其他章节应保持独立

34. 关于招标分部分项工程清单的编制，下列说法正确的是（　　）。

A. 施工图纸深度满足项目特征识别要求的，可不再在清单中进行项目特征描述

B. 清单中包括构成工程实体的分项工程和可计量的措施项目

C. 第二级项目编码为单位工程顺序码

D. 工程量清单计算规范附录的"工程内容"中所含的工作，均应单独计量

35. 在最高投标限价的市场化编制发展趋势中，下列各项中属于编制方法改革的是（　　）。

A. 人材机价格根据市场取定

B. 不再通过与定额的关联对综合单价的人材机含量进行分析

C. 措施费在以往主要是以费率形式计取的基础上，可以采用总体报价的形式计取

D. 构建可靠、有效、完全的工程造价指标和指数体系

36. 已知某建设项目招标过程中，规定的投标截止时间为2019年8月20日上午10点，则在不推迟投标截止时间的前提下，招标文件澄清的最晚时间是（　　）。

A. 2019年8月5日上午10点　　　B. 2019年8月6日上午10点

C. 2019年8月4日上午10点　　　D. 2019年7月31日上午10点

37. 在投标报价前期工作中需要研究中标文件，其中合同分析中属于合同条款分析的内容是（　　）。

A. 合同监理方式　　　　　　　　B. 合同承包方式

C. 合同计价方式　　　　　　　　D. 合同付款方式

38. 根据工程特点和工期要求，一般采取的方式是承包人承担（　　）以内的施工机具使用费风险。

A. 5%　　　　　　　　　　　　　B. 15%

C. 20%　　　　　　　　　　　　D. 10%

39. 关于投标保证金和投标有效期，下列说法正确的是（　　）。

A. 投标有效期从投标文件送达后开始计算

B. 投标保证金的有效期与投标有效期保持一致

C. 一般项目的投标有效期为 30~60 天

D. 投标保证金的数额不得超过项目估算价的 1.5%

40. 在评标的初步评审过程中，以下各项中属于资格评审标准的是 (   )。

A. 投标函上有法定代表人签字并加盖单位公章

B. 联合体明确联合体牵头人

C. 只能有一个有效报价

D. 具备有效的安全生产许可证

41. 根据《标准施工招标文件》（2007 年版）的规定，采用经评审的最低投标价法，详细评审主要考虑的量化因素是 (   )。

A. 工期提前的效益对报价的修正　　　B. 付款条件

C. 同时投多个标段的评标修正　　　　D. 施工组织设计

42. 与施工招标文件内容相比，工程总承包招标文件中包括的相同内容是 (   )。

A. 工程量清单与最高投标限价

B. "投标人须知前附表" 不得与 "投标人须知" 正文内容相抵触，否则抵触内容无效

C. 发包人要求

D. 发包人提供的资料

43. 根据现行《房屋建筑和市政基础设施项目工程总承包管理办法》，下列风险应由发包人承担的是 (   )。

A. 不可预见的地质条件造成的工期和费用变化

B. 施工组织或管理不当带来的管理费变化

C. 人工、材料、设备在合同约定幅度范围内的价格波动

D. 施工技术或工艺复杂性带来的成本变化

44. 在国际工程投标报价中，应注意工程所在国的当地成分要求，下列各项中不属于当地成分要求的是 (   )。

A. 要求必须在当地购置材料和设备

B. 要求必须雇佣一定比例的当地工人

C. 要求必须将一定比例的工程分包给当地承包商完成

D. 要求必须取得工程所在国认可的资质

45. 有关工程变更类合同价款调整事项，下列表述中正确的是 (   )。

A. 若在合同履行期间，出现设计变更与原设计图纸任一项目的特征描述不符，应视为工程变更，调整合同价款

B. 由于原招标工程量清单中措施项目缺项，承包人应将新增措施项目实施方案提交发包人批准后，按照工程变更事件中的有关规定调整合同价款

C. 招标工程量清单必须作为招标文件的组成部分，其准确性和完整性由招标投标双方共同负责

D. 新增分部分项工程项目清单后，引起总价措施项目发生变化的，应按照实际发生变化的措施项目调整，但应考虑承包人报价浮动因素

46. 发包人通知承包人以计日工方式实施的零星工作，承包人应予执行。承包人在该项变更的实施过程中，按合同约定提交报表和有关凭证，包括的内容有（　　）。

A. 发包人要求完成此项工作的变更通知

B. 完成工作的名称、内容和数量

C. 完成该工作应计取的管理费和利润

D. 投入该工作的措施项目名称、数量和金额

47. 施工合同约定由发包人承担材料价格波动±5%以外的风险。已知某项材料投标人投标报价、基准期发布的价格分别为 510 元/m³、520 元/m³，施工期该材料的造价信息发布价为 560 元/m³。按照造价信息调整价差法，该材料的实际结算价应为（　　）元/m³。

真题讲解
（47题）

A. 544.5

B. 534.0

C. 534.5

D. 524.0

48. 当不可抗力发生之后，应由承包人承担的损失包括（　　）。

A. 承包人的施工机械设备损坏及停工损失

B. 承包人应发包人要求留在施工场地的必要的管理人员及保卫人员的费用

C. 工程所需清理、修复费用

D. 导致的工期延误

49. 因发包人原因，某分部分项工程发生索赔事件。经双方确认的索赔费中直接费为 9 万元，现场管理费为 2 万元。投标书中总部管理费率为 5%，则总部管理费的索赔金额应为（　　）万元。

A. 0.10

B. 0.45

C. 0.55

D. 2.45

50. 采用价格指数调整价格差额时，若工程造价管理机构提供的价格指数缺乏，则可（　　）。

A. 采用市场询价价格代替

B. 采用计日工价格代替

C. 采用工程造价管理机构提供的价格代替

D. 采用造价信息法调整价格差额

51. 按照有关工程计量的规定，以下各项中属于计量范围的是（　　）。

A. 价格调整项目

B. 暂列金额项目

C. 总承包服务费

D. 规费和税金

52. 已知某工程项目年度工程总价为 1000 万元，材料比例为 40%，日历天按照 365 天计算，其中双休日共 104 天，法定假日 11 天。有关材料购买的系列时间包括：在途天数 10 天，加工天数 5 天，整理天数 2 天，供应间隔天数 15 天，保险天数 10 天，则按照公式法计算的工程预付款数额为（　　）万元。

A. 67.20

B. 46.03

C. 64.37

D. 43.84

53. 关于缺陷责任期内质量保证金的管理和使用，下列说法正确的是（　　）。

A. 社会投资项目的质量保证金可由发承包双方约定交由金融机构托管

B. 国库集中支付的政府投资项目，质量保证金由财政部门或发包人统一管理

C. 发包人被撤销的，质量保证金由总承包人保管并代行发包人职责

D. 由承包人原因造成的缺陷，其修复费直接从质量保证金中扣除

54. 在施工过程结算中，政府机关、事业单位、国有企业建设工程进度款支付的额度为（　　）。

A. 不低于已完成工程价款的80%；同时确保不超出工程总概算

B. 不低于已完成工程价款的85%；同时确保不超出工程总概算

C. 不低于已完成工程价款的85%；同时确保不超出工程总预算

D. 不低于已完成工程价款的90%；同时确保不超出工程总预算

55. 根据《最高人民法院关于审理建设工程施工合同纠纷案件适用法律问题的解释（一）》（法释〔2020〕25号）的规定，下列关于工程结算价款纠纷处理的表述，正确的是（　　）。

A. 当事人双方或一方认为签证工程量与实际不符，申请重新计量的，应予支持

B. 当事人约定按照固定价结算工程价款，一方当事人请求人民法院对建设工程造价进行鉴定的，不予支持

C. 当事人的招标文件、投标文件、中标通知书载明的实质性内容与签订的建设工程施工合同不一致，一方当事人请求按照施工合同作为结算依据的，人民法院应予支持

D. 当事人对付款时间有明确约定的，应从建设工程实际交付之日起计付利息

56. 在合同价款纠纷的解决途径中，属于和解手段的是（　　）。

A. 管理机构的认定

B. 工程造价管理部门的解释

C. 总监理工程师暂定

D. 在管理机构的劝说下，当事人自愿达成协议

57. 根据《FIDIC施工合同条件》的规定，如果业主未能在合同约定的时间内向承包商支付，承包商有权获得融资费用，下列关于融资费用的表述正确的是（　　）。

A. 承包商有权请求业主支付融资费用，但需提供报表

B. 承包商有权请求业主支付融资费用，但需发正式通知

C. 承包商有权请求业主支付融资费用，但需提供证明

D. 按照银行对优质借款人的短期借款平均利率的平均值加3%的年利率计算

58. 根据《建设项目工程总承包合同（示范文本）》GF—2020—0216通用合同条件，将人工费的申请和支付作为一个单独的条款进行明确，其目的是（　　）。

A. 人工费结算复杂，不单独列出易造成工程进度付款申请内容混乱

B. 人工费应早于其他工程款预先支付

C. 最大程度保障工人权利

D. 人工费支付不涉及LPR问题

59. 在建设项目竣工决算报表的基本建设项目概况表中，非经营性项目发生的江河清障支出应计入（　　）。

A. 建筑安装工程投资支出   B. 待摊投资支出

C. 待核销基建支出   D. 其他投资支出

60. 某工业建设项目及其第一生产车间的建筑工程费、安装工程费、须安装设备费、不须安装设备费以及应摊入费用如下表所示，则第一生产车间应分摊的生产工艺流程设计费为（   ）万元。

分摊费用计算表（单位：万元）

项目名称	建筑工程	安装工程	须安装设备	不须安装设备	项目建设管理费	用地与工程准备费	建筑设计费	生产工艺流程设计费
建设项目竣工决算	5000	800	1200	100	80	90	50	30
第一生产车间竣工决算	800	500	600	30				

A. 15.00   B. 8.14

C. 14.54   D. 8.15

二、多项选择题（共 20 题，每题 2 分。每题的备选项中，有 2 个或 2 个以上符合题意，至少有 1 个错项。错选，本题不得分；少选，所选的每个选项得 0.5 分）

61. 关于设备购置费及其构成，下列说法正确的有（   ）。

A. 国产标准设备原价指设备出厂（场）价

B. 国产非标准设备原价包含外购配套件费

C. 进口设备从属费中包含增值税、银行财务费、外贸手续费

D. 进口设备抵岸价指抵达买方边境、港口或车站形成的价格

E. 进口设备运杂费指从设备来源地运至工地仓库发生的运杂费

62. 下列各项中，属于安全文明施工费中文明施工费的是（   ）。

A. 工程防扬尘洒水费用   B. 现场围挡的墙面美化费用

C. 施工现场范围内的临时简易道路铺设   D. 搅拌台的搭设、维修和拆除费

E. 施工现场操作场地的硬化费用

63. 以下各项中，属于征地补偿费的是（   ）。

A. 新菜地开发建设基金   B. 土地补偿费

C. 耕地占用税   D. 青苗补偿费和地上附着物补偿费

E. 安置补助费

64. 关于工程概预算计价和工程量清单计价模式的异同，下列说法正确的有（   ）。

A. 工程基本构造单元的划分不同   B. 工程单价包含的费用内容不同

C. 工程量计算规则相同   D. 汇总单位工程造价的费用类别不同

E. 工程计价程序相同

65. 以下各项中，属于措施项目清单编制依据的是（   ）。

A. 分部分项工程量清单   B. 常规施工方案

C. 设计文件   D. 招标答疑

E. 与建设工程有关的标准、规范、技术资料

66. 施工过程的影响因素包括技术因素、组织因素和自然因素，下列因素中属于组织因素的是（　　）。

A. 构配件的类别　　　　　　　　　　B. 所用工具的型号

C. 施工方法　　　　　　　　　　　　D. 工资分配方式

E. 工人技术水平

67. 根据材料单价的组成和确定方法，以下各项包括在采购及保管费中的是（　　）。

A. 仓储费　　　　　　　　　　　　　B. 运输损耗

C. 调车和驳船费　　　　　　　　　　D. 工地保管费

E. 仓储损耗

68. 投资估算指标的内容应根据行业不同而各异，通常划分为（　　）。

A. 建设项目综合指标　　　　　　　　B. 建设工程经济指标

C. 单项工程指标　　　　　　　　　　D. 单位工程指标

E. 分部分项工程指标

69. 下列各项中，属于 BIM 在设计阶段应用内容的是（　　）。

A. 通过 BIM 技术对设计方案优选

B. 设计模型的多专业一致性检查

C. 建设方案可以根据某个参数变化快速更新，并及时体现项目的投资收益

D. 增强投标人技术方案的可视性

E. 进行限额设计

70. 按照形成资产法分类，以下各项中属于固定资产费用的是（　　）。

A. 建筑工程费　　　　　　　　　　　B. 工器具及生产家具购置费

C. 非专利技术使用费　　　　　　　　D. 工程保险费

E. 生产准备费

71. 概算编制的市场化改革应包括三方面的内容，下列表述中属于"充分利用市场化的造价数据"内容的是（　　）。

A. 利用不同分类不同层级的工程造价指标

B. 根据设计深度的不同合理选择概算编制方法

C. 充分进行市场化的询价

D. 通过构建初步设计的 BIM 模型，直接完成工程计量

E. 将 BIM 模型分解为不同细度的 BIM 模型组件

72. 根据现行工程量清单计价规范，关于招标工程量清单编制，下列说法正确的有（　　）。

A. 应在现场踏勘的基础上进行编制

B. 工程量清单总说明中应当明确对工程质量、材料和施工等的特殊要求

C. 项目名称应根据工程量计算规范附录中给定的项目名称确定

D. 冬雨期施工增加费、综合脚手架费均应列入总价措施费

真题讲解
（72题）

E. 总承包服务费应列明服务内容和取费标准

73. 关于联合体投标的限制性规定，下列表述中正确的是（　　）。

A. 联合体各方应按招标文件提供的格式签订联合体协议书

B. 联合体各方在同一招标项目中以自己名义单独投标或者参加其他联合体投标的，相关投标均无效

C. 资格预审后联合体增减、更换成员的，应征得招标人同意

D. 由同一专业的单位组成的联合体，按照资质等级较低的单位确定资质等级

E. 联合体投标的，应当以牵头人的名义提交投标保证金

74. 在下列不同特点的工程中，较适合采用成本加酬金方式确定合同价款的有（　　）。

A. 技术难度低的工程　　　　　　　B. 建设规模小的工程

C. 紧急抢险工程　　　　　　　　　D. 工期较短的工程

E. 施工技术特别复杂的工程

75. 对于暂估价引起的合同价款调整，下列表述中正确的是（　　）。

A. 暂估价材料不属于依法必须招标的，由承包人按照合同约定采购，经发包人确认后以此为依据取代暂估价，调整合同价款

B. 暂估价材料属于依法必须招标的，由发承包双方以招标的方式选择供应商。依法确定中标价格后，以此为依据取代暂估价，调整合同价款

C. 暂估价专业工程不属于依法必须招标的，按照工程变更事件的合同价款调整方法，确定专业工程价款，以此为依据取代专业工程暂估价，调整合同价款

D. 暂估价专业工程依法必须招标的，承包人不参加投标的专业工程，由承包人作为招标人，与组织招标工作有关的费用由发包人另行支付

E. 暂估价专业工程依法必须招标的，承包人参加投标的专业工程，由发包人作为招标人，与组织招标工作有关的费用由承包人承担

76. 有关索赔的依据，下列表述中正确的是（　　）。

A. 国家法律、行政法规、地方性法规，都是工程索赔的法律依据

B. 国家、部门和地方有关规范，是工程索赔的依据

C. 工程建设的强制性标准，必须在合同中有明确规定的情况下，才能作为索赔的依据

D. 工程施工合同是工程索赔中最关键和最主要的依据

E. 发承包双方关于工程的洽商、变更等书面协议或文件，也是索赔的重要依据

77. 有关最终结清的过程，下列表述中正确的是（　　）。

A. 最终结清是指合同约定的缺陷责任期终止后发包人与承包人结清全部剩余款项的活动

B. 承包人在提交的最终结清申请中，可以提出工程接收证书颁发前发生的索赔

C. 承包人接受最终支付证书后，可以提出工程接收证书颁发后发生的索赔

D. 发包人对最终结清申请单内容有异议的，按照合同约定的争议解决方式处理

E. 承包人被扣留的质量保证金不足以抵减发包人工程缺陷修复费用的，承包人应承担不足部分的补偿责任

78. 根据《最高人民法院关于审理建设工程施工合同纠纷案件适用法律问题的解释（一）》（法释〔2020〕25号），下列请求中人民法院应予支持的是（　　）。

A. 当事人以发包人未取得审批手续为由，请求确认建设工程施工合同无效

B. 当事人就同一建设工程订立的数份合同均无效，当事人请求参照最后签订合同结算建设工程价款

C. 发包人请求出借方与缺乏资质的借用方对建设工程质量不合格等因出借资质造成的损失承担连带赔偿责任

D. 承包人请求按照竣工结算文件结算工程价款

E. 施工合同无效，修复后的建设工程经竣工验收合格，发包人请求承包人承担修复费用

79. 根据《建设项目工程总承包合同（示范文本）》GF-2020-0216 通用合同条件，关于物价波动引起的价格调整，下列表述中准确的是（　　）。

A. 通用合同条件采用造价信息法调整合同价格

B. 物价波动不属于合同价格调整的范围

C. 未列入价格指数权重表的费用仍可因市场变化而调整

D. 发承包双方约定采用其他方式调整合同价款的，可以在专用合同条件中另行约定

E. 采用价格调整公式时，应首先采用投标函附录中载明的有关部门提供的价格指数

80. 在竣工决算批复时，下列各项中应由财政部直接批复的是（　　）。

A. 主管部门本级投资额为 5000 万元的项目决算

B. 主管部门本级投资额为 3000 万元的项目决算

C. 不向财政部报送年度部门决算的中央单位项目决算

D. 不向财政部报送年度部门决算的社会团体使用财政资金的非经营性项目决算

E. 不向财政部报送年度部门决算的国有企业使用财政资金占项目资本比例为 40% 的经营性项目决算

模拟题四

一、单项选择题（共60题，每题1分。每题的备选项中，只有一个最符合题意）

1. 非生产性建设项目总投资应包括（　　）。

A. 建设投资

B. 建设投资和建设期利息

C. 建设投资、建设期利息和流动资金

D. 建设投资、建设期利息和铺底流动资金

2. 已知某国产非标准设备，材料净用量为5t，加工损耗系数为5%，每吨材料综合价格为50000元，材料加工单价为6000元/t，辅助材料费指标为10%。外购配套件费为100000元，包装费率为5%，利润率为10%，增值税率为13%，不考虑其他费用，则该国产非标准设备原价为（　　）万元。

A. 52.85

B. 53.72

C. 54.65

D. 53.52

3. 在进口设备购置费中，下列各项中与装运港船上交货价含义相同的是（　　）。

A. 到岸价

B. 关税完税价格

C. 离岸价

D. 成本加保险费、运费

4. 以下各项中属于建筑安装工程费中企业管理费的是（　　）。

A. 现场钢筋绑扎人员工资

B. 现场脚手架搭拆人员工资

C. 现场管理人员工资

D. 现场施工机械操作人员工资

5. 对于承包人来说，当发生可抵扣增值税进项税额的采购活动时，获取有效的抵扣凭证就显得尤为重要。下列各项中关于劳务费处理，表述正确的是（　　）。

A. 人工费本身包含了可抵扣的进项税额

B. 劳务分包合同额中的增值税不能作为可抵扣增值税进项税额

C. 劳务分包公司采用一般计税方法时，劳务分包合同额中的增值税能作为可抵扣增值税进项税额

D. 劳务分包公司采用简易计税方法时，劳务分包合同额中的增值税不能作为可抵扣增值税进项税额

6. 建设单位因地质、地形、施工等客观条件限制，无法修建防空地下室的，按照规定标准向人民防空主管部门缴纳的人民防空工程易地建设费属于（　　）。

A. 场地准备费

B. 临时设施费

C. 项目建设管理费

D. 配套设施费

7. 在征地补偿费中，土地补偿费标准的调整周期通常是（　　）。

A. 1年

B. 2年

C. 3 年　　　　　　　　　　　　D. 4 年

8. 在下列各项中，属于基本预备费的是（　　）。

A. 超出初步设计范围的设计变更所增加的费用

B. 一般自然灾害造成的损失由保险赔付的部分

C. 超规超限设备运输而增加的费用

D. 为鉴定工程质量所进行的隐蔽工程中间验收的费用

9. 有关建设期利息的计算，以下表述中正确的是（　　）。

A. 当年借款按半年计息，上年借款按半年计息

B. 当年借款按全年计息，上年借款按半年计息

C. 当年借款按半年计息，上年借款按全年计息

D. 当年借款按全年计息，上年借款按全年计息

10. 定额计价方式与工程量清单计价方式相比，主要的相同点是（　　）。

A. 造价形成机制相同

B. 均可以表示为工程量和单价乘积后的汇总

C. 风险分担方式相同

D. 计价目的相同

11. 在工程计价依据体系中，下列各项中不属于工程计价信息的是（　　）。

A. 工程定额　　　　　　　　　　B. 建设工程设备价格信息

C. 工程造价指数　　　　　　　　D. 工程造价指标

12. 对于没有具体数量的清单项目，通常选取的计量单位可以是（　　）。

A. 套　　　　　　　　　　　　　B. 组

C. 项　　　　　　　　　　　　　D. 台

13. 对于暂估价的概念及使用，下列表述中正确的是（　　）。

A. 暂估价是因不可避免的价格调整而设立的

B. 暂估价是指招标人在工程量清单中提供的用于可能发生但暂时不能确定价格的材料、工程设备单价以及专业工程的金额

C. 材料、工程设备暂估价和专业工程暂估价应只是暂估单价，以方便投标人组价

D. 投标人应将材料暂估价计入工程量清单综合单价报价中

14. 从本质上说，工程量清单计价是招标人为完成工程交易而提供的一套完整的实物量清单，下列各项中不属于工程量清单中必须描述内容的是（　　）。

A. 项目名称　　　　　　　　　　B. 项目特征

C. 项目编码　　　　　　　　　　D. 计量单位

15. 按照工程定额编制要求，在工作时间分类中，属于损失时间而不被计入时间定额的是（　　）。

A. 低负荷下的工作时间

B. 工人休息时间

C. 准备与结束工作时间

D. 与工艺过程有关的无负荷工作时间

真题讲解
（15题）

16. 已知每平方米墙面所需的勾缝时间为 10min，根据工时规范，辅助工作时间占工序作业时间的 2%，准备与结束时间、不可避免中断时间、休息时间分别占工作日的 3%、2%、15%，则两砖墙勾缝的时间定额为（　　）工日/m³。

A. 0.111   B. 0.073

C. 0.027   D. 0.054

17. 在机器施工过程中，筑路机在工作区末端掉头所消耗的时间应属于（　　）。

A. 有效工作时间   B. 不可避免的中断时间

C. 必须消耗的时间   D. 多余工作时间

18. 影响人工日工资单价的主要因素包括（　　）。

A. 生产能力指数   B. 社会先进工资水平

C. 劳动力市场的供需变化   D. 季节性变化

19. 若材料供应商是小规模纳税人，且运输费用采用"一票制"运输方式，则运输费用扣除增值税进项税额时应采用的税率是（　　）。

A. 13%   B. 9%

C. 6%   D. 3%

20. 关于概算指标，下列说法正确的是（　　）。

A. 确定各种消耗量的依据，与概算定额相同

B. 按表现形式分为综合指标和单项指标

C. 按工程类别分为建筑工程概算指标和安装工程概算指标

D. 包括经济指标和工程量指标两个部分

21. 已知某类建筑物当月某地区共建设完成 25 个，现选择其中 7 个项目为样本，编制该类建筑物的单位造价指标。已知各样本数据如下表所示，则该类建筑物单位造价指标为（　　）元/m²。

各样本数据

样本项目	一	二	三	四	五	六	七
建筑面积（m²）	3000	10000	5000	8000	6000	7000	9000
单位造价（元/m²）	6500	5400	6600	7000	6200	6500	6800

A. 6546.67   B. 6520.00

C. 6383.33   D. 6428.57

22. 有关工程造价指标测算时应注意的问题，下列说法正确的是（　　）。

A. 最高投标限价应采用成果文件编制完成日期

B. 合同价应采用合同签订日期

C. 设计概算应采用审查批复日期

D. 竣工结算采用备案日期

23. 某地 2024 年拟建年产 20 万 t 化工产品项目，已知设备购置费为 2 亿元。该地区 2020 年已建 10 万 t 相同产品项目的设备购置费为 1.2 亿元，建筑安装工程费与设备购置

费的比例为60%。该地区2020年至2024年设备购置费、建筑安装工程费年均分别递增5%、8%。若生产能力指数为0.9，则该拟建项目的工程费用估算为（　　　）亿元。

真题讲解
（23题）

A. 3.633　　　　　　　　　　　　　　B. 4.355

C. 4.874　　　　　　　　　　　　　　D. 3.828

24. 进行厂址选择时的费用分析时，项目投资费用比较的内容主要包括（　　　）。

A. 动力供应费用　　　　　　　　　　B. 给水、排水、污水处理费用

C. 产品运输费用　　　　　　　　　　D. 生活设施费

25. 关于安装工程费投资估算，下列说法正确的是（　　　）。

A. 工艺金属结构以"m^3"为单位进行估算

B. 工艺非标准件以"套"为单位进行估算

C. 工艺设备安装费以"t"为单位进行估算

D. 工业炉窑砌筑和保温工程以"m"为单位进行估算

26. 采用形成资产法编制建设投资估算时，下列各项中属于形成固定资产费用的是（　　　）。

A. 工程费用　　　　　　　　　　　　B. 专利权

C. 商标权　　　　　　　　　　　　　D. 生产准备费

27. 在影响工业建设项目工程造价的主要因素中，下列各项中属于总平面设计的是（　　　）。

A. 层数　　　　　　　　　　　　　　B. 设备选用

C. 建筑物的体积和面积　　　　　　　D. 占地面积

28. 在影响民用建设项目工程造价的主要因素中，下列关于住宅层数选择的表述正确的是（　　　）。

A. 当层数未超过7层时，随着住宅层数增加，单方造价系数在逐渐降低，但是边际造价系数也在逐渐减小

B. 当层数未超过7层时，随着住宅层数增加，单方造价系数在逐渐增大，但是边际造价系数也在逐渐减小

C. 当层数未超过7层时，随着住宅层数增加，单方造价系数在逐渐降低，但是边际造价系数也在逐渐增加

D. 当层数未超过7层时，随着住宅层数增加，单方造价系数在逐渐增大，但是边际造价系数也在逐渐增加

29. 对于价格波动较大的非标准设备和引进设备的安装工程概算，适合采用的安装工程概算编制方法是（　　　）。

A. 预算单价法　　　　　　　　　　　B. 设备价值百分比法

C. 扩大单价法　　　　　　　　　　　D. 综合吨位指标法

30. 根据《建筑工程设计文件编制深度规定》，对于工业厂房、民用建筑、仓库及配套工程的新建、改建、扩建工程设计，通常划分的三个阶段是（　　　）。

A. 方案设计、初步设计和施工图设计

B. 初步设计、技术设计和施工图设计

C. 初步设计、扩大初步设计和施工图设计

D. 方案设计、技术设计和施工图设计

31. 下列各项中，属于施工图预算对施工企业作用的是（　　）。

A. 进行施工图预算和施工预算对比分析的依据

B. 确定工程最高投标限价的依据

C. 拨付工程进度款及办理工程结算的基础

D. 控制造价及资金合理使用的依据

32. 在实物量法编制施工图预算过程中，下列各项中属于"列项并计算工程量"步骤工作内容的是（　　）。

A. 了解施工组织设计和施工现场情况

B. 套用预算定额单价

C. 保证计量单位与定额中相应的分项工程的计量单位一致

D. 熟悉施工图等基础资料

33. 招标文件的澄清或修改应在规定的投标截止时间（　　）天前以书面形式发给所有购买招标文件的投标人。

A. 15　　　　　　　　　　　　B. 14

C. 20　　　　　　　　　　　　D. 28

34. 以下各项中属于招标工程量清单编制依据的是（　　）。

A. 招标文件答疑纪要　　　　　B. 市场价格信息

C. 拟定的招标文件　　　　　　D. 工程造价管理机构发布的工程造价信息

35. 当编制最高投标限价时，对于专业工程暂估价的确定，通常采用的方法是（　　）。

A. 按照工程造价管理机构发布的工程造价信息中的价格计算

B. 应分不同专业，按有关计价规定估算

C. 应按市场调查确定的价格计算

D. 应根据工程特点、工期长短，按有关计价规定进行估算

36. 下列关于最高投标限价编制注意事项的表述，正确的是（　　）。

A. 施工机械设备选型应根据工程项目特点和施工条件，按经济适用、先进高效的原则确定

B. 采用的市场价格则应通过调查、分析确定有可靠的信息来源

C. 规费、税金在编制最高投标限价时可纳入竞争性部分

D. 对于竞争性的措施费用的确定，招标人应先征询潜在投标人的施工组织设计或施工方案

37. 投标报价应保证有合理的利润空间，使之具有一定的竞争性。作为投标报价计算的必要条件，应预先确定的基础工作是（　　）。

A. 应预先确定施工方案和施工进度　　B. 应预先设定报价策略

C. 应预先确定基础标价　　　　　　　D. 应预先编制投标文件

38. 与招标工程量清单及最高投标限价的编制相比，以下各项中属于投标报价特殊编

制依据的是（　　）。

　　A. 招标文件

　　B. 招标工程量清单

　　C. 招标文件补充通知、答疑纪要

　　D. 国家或省级行业建设主管部门颁发的计价依据、标准和办法

39. 已知某建设项目施工招标，招标文件中公布的最高投标限价为 4500 万元，某投标人的投标报价为 3800 万元，则投标保证金的数额最高不超过（　　）万元。

　　A. 90　　　　　　　　　　　　　B. 80

　　C. 76　　　　　　　　　　　　　D. 50

40. 某世行贷款项目采用经评审的最低投标价法评标，招标文件规定同时投多个标段的评标修正率为 5%。投标人甲同时投Ⅰ、Ⅱ标段，其报价分别为 6000 万元、4500 万元。在甲已中标Ⅰ标段的情况下，其Ⅱ标段的评标价格应为（　　）万元。

　　A. 4200　　　　　　　　　　　　B. 4275

　　C. 4500　　　　　　　　　　　　D. 4725

41. 关于依法必须招标项目合同签订的相关规定，下列说法正确的是（　　）。

　　A. 招标人和中标人签订合同后 5 日内，应向投标人退还投标保证金及其利息

　　B. 中标人无正当理由拒签合同的，招标人可取消其中标资格并对其罚款

　　C. 招标人没收被取消中标资格投标人的投标保证金后，不得再要求其他赔偿

　　D. 招标人无正当理由拒签合同的，应在投标保证金范围内赔偿中标人损失

42. 在进行工程总承包投标报价和投标文件编制时，下列表述中正确的是（　　）。

　　A. 工程总承包投标文件中应包括已标价工程量清单

　　B. 工程总承包投标文件编制时可以对"发包人要求"进行修改

　　C. 初步设计后发包的，工程总承包投标报价中应包括详细勘察的费用

　　D. 工程总承包投标报价由工程费用、工程总承包其他费以及预备费组成

43. 根据《国务院办公厅关于促进建筑业持续健康发展的意见》（国办发〔2017〕19 号），下列项目中原则上应采用工程总承包模式的是（　　）。

　　A. 装配式建筑　　　　　　　　　B. 政府投资工程

　　C. 非政府投资工程　　　　　　　D. 绿色建筑

44. 国际工程投标报价中，包含在间接费中的保险费主要是（　　）。

　　A. 人身意外保险　　　　　　　　B. 材料和永久设备运输保险

　　C. 施工机械设备保险　　　　　　D. 工程保险和第三者责任险

45. 在各类合同价款调价事项中，下列各项属于其他类调价事项的是（　　）。

　　A. 计日工　　　　　　　　　　　B. 现场签证

　　C. 暂估价　　　　　　　　　　　D. 暂列金额

46. 某分部分项工程招标工程量清单数量为 1500m³，施工中由于设计变更调整为 1200m³，该项目最高投标限价综合单价为 350 元，投标报价为 405 元，已知该项目最高投标限价为 5000 万元，投标报价为 4800 万元，则该分部分项工程的结算价格为（　　）元。

A. 483000
B. 463680

C. 486000
D. 607200

47. 采用价格指数调整价格差额时，定值权重应在（　　）中约定。

A. 招标文件
B. 通用条款

C. 专用条款
D. 投标函附录

48. 承发包双方约定承包人承担5%的材料价格风险，并采用造价信息调整价格差额，若某材料投标报价为1000元/t，基准价为1050元/t，工程施工期间材料信息价为900元/t，则该材料的实际结算价格为（　　）元/t。

A. 950
B. 900

C. 902.5
D. 997.5

49. 根据我国现行《标准施工招标文件》，下列索赔事件中，只可补偿费用，不可补偿工期、利润的是（　　）。

A. 发包人原因造成承包商人员工伤事故
B. 异常恶劣的气候条件导致工期延误

C. 延迟提供图纸
D. 发包人暂停施工造成工期延误

50. 其他类合同价款调整事项主要指现场签证，下列主体中可与承包人或其授权现场代表就施工过程中涉及的责任事件做签认证明的是（　　）。

A. 授权的工程造价咨询人
B. 授权的招标代理人

C. 授权的项目经理
D. 授权的审计人员

51. 关于工程计量，下列说法正确的是（　　）。

A. 合同文件中规定的各种费用支付项目不须计量

B. 按合同文件规定的方法、范围、内容和单位计量

C. 按行业或地方标准规定的计量单位计量

D. 因发包人原因造成的超出合同工程范围的工程量不予计量

52. 关于承包人提交的预付款保函的担保金额，以下表述中正确的是（　　）。

A. 预付款保函的金额保持不变，在预付款全部扣回前一直保持有效

B. 预付款保函的金额保持不变，在工程竣工前一直保持有效

C. 根据预付款扣回的数额相应递减，在预付款全部扣回前一直保持有效

D. 根据预付款扣回的数额相应递减，在工程竣工前一直保持有效

53. 关于工程竣工结算编制应遵循的计价原则，下列说法正确的是（　　）。

A. 计日工应按招标工程量清单中的工程量和签证确认的计日工单价计算

B. 暂列金额应按索赔、变更、现场签证等实际确认的金额合计计算

C. 总价合同应在合同总价基础上，对合同约定能调整的内容及超过合同约定范围的风险因素进行调整

D. 规费和税金按合同约定金额计算，不得调整

54. 当用和解方式解决建设工程合同价款纠纷时，下列表述中正确的是（　　）。

A. 发承包双方协商达不成一致的，以监理或造价工程师的暂定结果为准

B. 发承包双方协商达成一致的，双方应签订书面和解协议，和解协议对发承包双方均有约束力

C. 发承包双方或一方不同意暂定结果的，可不实施该结果，直到其按照发承包双方认可的争议解决办法被改变为止

D. 发承包双方对暂定结果认可的，在以书面形式予以确认后仍可提出改变暂定结果

55. 根据《最高人民法院关于审理建设工程施工合同纠纷案件适用法律问题的解释（一）》（法释〔2020〕25号），下列各种情形中，属于发包人应承担质量缺陷过错责任的是（　　）。

A. 直接指定分包人分包专业工程

B. 承包人购买，发包人检验的建筑材料不符合强制性标准

C. 发包人要求承包人垫资施工的工程

D. 发包人未按约定支付工程价款

56. 鉴定项目合同对计价依据、计价方法约定条款前后矛盾的，鉴定人应提请委托人决定适用条款，委托人暂不明确的，鉴定人应（　　）。

A. 按不同的约定条款分别作出鉴定意见，供委托人判断使用

B. 按照约定时间在前的条款作出鉴定意见

C. 按照约定时间在后的条款作出鉴定意见

D. 按照当事人实际履行的约定条款作出鉴定意见

57. 根据《建设项目工程总承包合同（示范文本）》GF-2020-0216通用合同条件的规定，承包人收到变更指示后，认为变更指示会造成下列（　　）影响的，应向工程师发出通知。

A. 与承包人的一般义务相冲突　　　　B. 改变了"发包人要求"

C. 工作内容复杂，超出承包人的技术能力　D. 需要承包人投入原计划之外的资源

58. 根据《FIDIC施工合同条件》的规定，如果业主未能在合同约定的时间内向承包商支付，下列关于承包商获取权利表述正确的是（　　）。

A. 暂停工作或终止合同不妨碍承包商获得延误支付款项的融资费用的权利

B. 承包商获得的融资费用应按单利计算

C. 业主未根据合同提供资金证明时，承包商可以选择暂停工作或终止合同

D. 融资费用从合同规定的应支付截止日期21天后开始计算

59. 基本建设项目概况表是建设项目竣工财务决算报表之一。下列费用项目，应计列在基本建设项目概况表中的是（　　）。

A. 新增生产能力　　　　　　　　B. 固定资产

C. 流动资产　　　　　　　　　　D. 交付使用资产

60. 在计算新增固定资产价值时，通常是以独立发挥生产能力的（　　）为对象。

A. 分部分项工程　　　　　　　　B. 单位工程

C. 单项工程　　　　　　　　　　D. 建设项目

二、多项选择题（共20题，每题2分。每题的备选项中，有2个或2个以上符合题意，至少有1个错项。错选，本题不得分；少选，所选的每个选项得0.5分）

61. 当采用FOB交货方式时，卖方的基本义务包括（　　）。

A. 负责租船订舱位，并支付运费

B. 在装运港按照习惯方式将货物交到买方指派的船上，并及时通知买方

C. 办理货物出口所需的一切海关手续

D. 办理货物经由他国过境的一切海关手续

E. 给对方关于船名、装船地点和交货时间的充分的通知

62. 在计算夜间施工增加费时，通常应包括以下内容（　　）。

A. 临时可移动照明灯具的设置、拆除

B. 夜间施工时施工现场安全标牌的设置费用

C. 施工人员夜班补助

D. 夜间施工劳动效率降低

E. 在地下室等特殊施工部位施工所采用的照明设备的维护费用

63. 关于工程建设其他费中场地准备费及临时设施费的构成，下列说法正确的有
（　　）。

A. 建设场地的大型土石方工程费

B. 施工单位为施工而进行的场地平整费

C. 建设单位为达到开工条件而进行的场地平整费

D. 建设单位为施工建设而发生的货场、码头租赁费

E. 征地过程中发生的地上公共设施拆除费

64. 当按照定额反映的生产要素消耗内容分类，通常可以将工程定额划分为（　　）。

A. 劳动定额 　　　　　　　　　B. 施工定额

C. 材料定额 　　　　　　　　　D. 机具消耗定额

E. 预算定额

65. 在编制专业工程暂估价及结算表时，以下各项中属于暂估金额的是（　　）。

A. 材料费 　　　　　　　　　　B. 规费

C. 管理费 　　　　　　　　　　D. 施工机具使用费

E. 利润

66. 在下列各项工作消耗的时间中，应计入定额时间的是（　　）。

A. 工人装车砂石数量不足引起的汽车在降低负荷的情况下的工作时间

B. 筑路机在工作区末端掉头的时间

C. 混凝土搅拌机搅拌混凝土时超过规定搅拌时间

D. 工人休息引起的不可避免中断时间

E. 未及时供给机器燃料而引起的停工时间

67. 下列费用中，应计入施工机械台班单价的有（　　）。

A. 进口施工机械关税

B. 临时故障排除费

C. 大型机械设备进出场及安拆费

D. 年机械工作台班之外的机械操作人员工资

E. 机械的年检测费

68. 在预算定额的编制过程中，以下各种材料中适合用换算法计算其材料消耗量的

是（　　）。

A. 砖

B. 胶结料

C. 块料面层

D. 涂料

E. 门窗制作用材料

69. 工程造价指标需要根据工程特征进行测算，当以居住建筑为对象时，下列各项中属于分类特征信息的是（　　）。

A. 抗震等级

B. 居住建筑分类

C. 高度类型

D. 居住建筑档次

E. 结构类型

70. 在进行建设规模方案比选时，下列方法中，属于生产能力平衡法的是（　　）。

A. 最大工序生产能力法

B. 盈亏平衡产量法

C. 平均成本法

D. 最小公倍数法

E. 最大利润法

71. 单项工程综合概算应包括的费用有（　　）。

A. 建筑安装工程费

B. 设备及工器具购置费

C. 工程建设其他费

D. 预备费

E. 建设期利息

72. 在建设项目施工招标过程中，以下内容中，属于招标文件中投标人须知的是（　　）。

A. 重新招标和不再招标

B. 技术标准和要求

C. 招标文件的澄清和修改的规定

D. 投标报价编制的要求

E. 本工程拟采用的专用合同条款

73. 关于投标保证金，下列描述正确的是（　　）。

A. 投标保证金的有效期应与投标有效期保持一致

B. 投标保证金通常应用现金支付

C. 招标人以书面形式通知所有投标人延长投标有效期的，投标人不得拒绝

D. 投标保证金的数额由投标人在投标文件中确定

E. 招标人和中标人签订合同后 5 日内，向未中标的投标人和中标人退还投标保证金及银行同期存款利息

74. 在"评定分离"方案中，可以采用集体议事的定标方法。下列关于集体议事法的表述正确的是（　　）。

真题讲解
（74题）

A. 定标委员会进行集体商议确定中标人

B. 定标委员会进行集体商议并以直接票决方法确定中标人

C. 定标委员会进行集体商议并以逐轮票决方法确定中标人

D. 最终由定标委员会组长确定中标人

E. 该方法实质是赋予招标人的法定代表人或者主要负责人个人定标权

75. 在以下选项中，根据《建设工程施工合同（示范文本）》GF-2017-0201 和《标准施工招标文件》（2007 年版），均被视为变更的是（　　）。

A. 取消合同中任何一项工作，被取消的工作由发包人自己实施

B. 追加额外工作

C. 改变已批准的施工工艺

D. 改变工程的基线、标高、位置和尺寸

E. 增加或减少合同中任何工作

76. 关于采用价格指数调整价格差额的方法，下列说法正确的有（　　）。

A. 主要适用于施工中所用材料品种较多且使用量小的工程

B. 被调整的进度款中应包括预付款的支付和扣回

C. 可调因子的现行价格指数是指付款证书相关周期最后一天前 28 天的价格指数

D. 在计算调整差额时得不到现行价格指数的，可暂用上一次价格指数

E. 当原合同中可调因子的权重不合理时，双方可协商调整

77. 在承包人提交的进度款支付申请中，本周期合计完成的合同价款中包括（　　）。

A. 本周期已完成单价项目的金额　　　　B. 本周期应支付的总价项目金额

C. 本周期应支付的安全文明施工费　　　D. 本周期应扣回的预付款

E. 本周期应增加的金额

78. 根据《最高人民法院关于审理建设工程施工合同纠纷案件适用法律问题的解释（一）》（法释〔2020〕25 号），对于工程欠款的利息支付，下列各项中可以作为利率标准的是（　　）。

A. 当事人约定的利息计付标准

B. 同期同类贷款利率

C. 中国人民银行公布的同期同类贷款利率

D. 类似合同中约定的利息计付标准

E. 同期贷款市场报价利率

79. 根据《FIDIC 施工合同条件》规定，承包商应于合同约定的每一个支付周期的期末之后，向工程师提交期中支付报表，其中包括在"直至支付周期末承包商已完成的工程以及提供的文件的估价"项中的是（　　）。

A. 应拨付和/或扣还的预付款

B. 因法律变化和物价变化应进行的调整金额

C. 应返还的保留金

D. 变更工作

E. 截至目前累计金额

80. 下列各项中，应属于建设项目竣工财务决算的是（　　）。

A. 项目建设资金使用、项目结余资金等分配情况

B. 竣工图

C. 预备费动用情况

D. 待核销基建支出明细表

E. 工程造价比较分析

模拟题五

一、单项选择题 (共 60 题，每题 1 分。每题的备选项中，只有一个最符合题意)

1. 下列各项关于建设项目总投资中流动资金的表述，正确的是 (   )。

A. 流动资金是用于购买原材料、燃料、支付工资等运营费用的一次性资金

B. 可行性研究阶段用于财务分析应计算铺底流动资金

C. 项目报批总投资中应计算全部流动资金

D. 铺底流动资金是在项目资本金中筹措的流动资金

2. 进口设备从装运港（站）到达我国目的港（站）的运费属于 (   )。

A. 设备运杂费   B. 运费和装卸费

C. 设备原价   D. 采购与仓库保管费

3. 某批进口设备到岸价为 1000 万元，银行财务费、外贸手续费合计为 20 万元，关税税率为 20%，消费税率为 10%，增值税率为 13%。该批设备进口环节增值税为 (   ) 万元。

A. 171. 60   B. 173. 33

C. 172. 38   D. 176. 80

4. 下列费用中，属于安装工程费的是 (   )。

A. 施工临时用水、用电费

B. 天然气钻井工程费

C. 房屋建筑给水排水工程费

D. 附属于被安装设备的防腐、保温工程费

5. 竣工验收前，对已完工程及设备采取的覆盖、包裹、封闭、隔离等必要保护措施所发生的费用属于 (   )。

A. 安全文明施工费

B. 地上、地下设施和建筑物的临时保护设施费

C. 已完工程及设备保护费

D. 应予计量的措施项目费

6. 在工程建设其他费用中，研究试验费应包括 (   )。

A. 自行或委托其他部门研究使用所需的仪器使用费

B. 新产品试制费

C. 中间试验费

D. 重要科学研究补助费

7. 以下各项中，属于拆迁补偿费的是 (   )。

A. 生态补偿费   B. 迁移补偿费

C. 安置补助费　　　　　　　　　　　　　　D. 地上附着物补偿费

8. 某建设项目工程费用为 8000 万元，工程建设其他费为 1500 万元，基本预备费为 500 万元。项目建设前期年限为 0.5 年，建设期为 2 年，各年完成投资的 50%。若年均投资价格上涨率为 4%，则该项目的建设期价差预备费为（　　）万元。

A. 404.0　　　　　　　　　　　　　　　　B. 577.6

C. 818.1　　　　　　　　　　　　　　　　D. 608.0

9. 某建设项目，建设期为 3 年，分年均衡进行贷款，第一年贷款 500 万元，第二年贷款 1000 万元，第三年贷款 300 万元，年利率为 10%，建设期内利息只计息不支付，则该项目建设期利息为（　　）万元。

A. 25　　　　　　　　　　　　　　　　　B. 102.5

C. 177.75　　　　　　　　　　　　　　　D. 305.25

10. 在工程造价管理标准中，下列各项属于团体标准的是（　　）。

A.《建设工程工程量清单计价规范》　　　B.《建设项目工程总承包计价规范》

C.《建筑工程建筑面积计算规范》　　　　D.《建设工程计价设备材料划分标准》

11. 用定额计价法进行工程概预算编制，材料价差通常可用来计取（　　）。

A. 税金　　　　　　　　　　　　　　　　B. 利润

C. 规费　　　　　　　　　　　　　　　　D. 企业管理费

12. 关于分部分项工程项目清单的编制，下列说法正确的是（　　）。

A. 同一标段内不同单位工程下相同的分部分项工程应采用相同编码

B. 当出现增补清单项目时，应在工程量清单中附补充项目的名称、特征、计量单位、工程量计算规则和工作内容

C. 应在定额和工程量清单计算规则中选用最能准确计量的工程量计算规则

D. 应对各分部分项工程的工程内容予以详细准确描述

13. 在工程量清单计价方式中，计日工主要适用于零星项目和工作，下列关于零星项目和工作表述正确的是（　　）。

A. 合同约定之外的或者因变更产生的，工程量清单中没有相应项目的额外工作

B. 必然发生但暂时不能确定价格的工作项目

C. 因变更产生的，工程量清单中有可参考项目的额外工作

D. 为不可避免的价格调整而设立的费用项目

14. 在我国大力推行工程总承包方式后，为满足不同交易时点的需要，工程量清单的发展方向是应建立（　　）。

A. 与施工图设计阶段相对应的工程量清单

B. 与初步设计阶段相对应的工程量清单

C. 与扩大初步设计阶段相对应的工程量清单

D. 多层级工程量清单

15. 在工人工作时间消耗的分类中，下列各项中属于损失时间的是（　　）。

A. 抹灰工补上偶然遗留的墙洞消耗的时间

B. 施工工艺特点引起的工作中断的时间

C. 保证基本工作能顺利完成所消耗的时间

D. 事后清理场地的时间

16. 已知每平方米墙面所需的勾缝时间为 8min，同时通过计时观察资料得知：人工砌墙辅助工作时间占工序作业时间的 5%，准备与结束时间、不可避免的中断时间、休息时间分别占工作日的 4%、3%、15%，则 1 砖半墙勾缝的产量定额为 （　　） m^3/工日。

A. 10.662   B. 16.226

C. 15.985   D. 10.504

17. 在下列施工过程中，属于综合工作过程的是 （　　）。

A. 平直钢筋   B. 切断钢筋

C. 抹灰和粉刷   D. 砌筑砌块墙

18. 当计算材料单价时，材料运到工地仓库价格通常是指 （　　）。

A. 材料原价+材料运杂费+运输损耗费

B. 材料供应价格

C. 材料供应价格+材料运杂费

D. 材料供应价格+运输损耗费

19. 某施工机械配操控人员 2 人，年制度工作日为 250 天，年机械工作台班为 220 台班，人工单价为 100 元/工日，则该施工机械台班单价中含人工费 （　　） 元。

真题讲解
（19题）

A. 113.64   B. 227.27

C. 200.00   D. 176.00

20. 在投资估算指标的内容中，包括在单项工程指标中的是 （　　）。

A. 工程建设其他费   B. 基本预备费

C. 价差预备费   D. 生产家具购置费

21. 工程造价管理的信息资料满足不同特点项目的需要，这体现了工程计价信息的 （　　） 特点。

A. 多样性   B. 专业性

C. 区域性   D. 动态性

22. 针对房屋建筑工程，下列各项中既属于建设项目总投资指标，又属于建设项目投资明细指标的是 （　　）。

A. 工程费用指标   B. 单项工程指标

C. 建筑工程指标   D. 桩基础工程指标

23. 在进行建设地区选择时，下列项目中应尽可能靠近原料产地的是 （　　）。

A. 铝厂项目   B. 矿产品初步加工项目

C. 电石厂项目   D. 技术密集型建设项目

24. 下列关于生产能力指数法性质的表述，正确的是 （　　）。

A. 正常情况下，生产能力指数的取值范围是 $0<x<1$

B. 生产能力指数法表明造价与规模 （或容量） 呈非线性关系

C. 不同生产率水平的国家和不同性质的项目中，x 的取值是不同的

D. 生产能力指数法需要详细的工程设计资料

25. 下列内容中属于投资估算分析的是 (   )。

A. 分析主要技术经济指标
B. 分析有关参数、率值的选定
C. 分析影响投资的主要因素
D. 分析估算编制方法

26. 在各种投资估算的匡算法中，下列各项中属于世界银行项目常用的系数估算法的是 (   )。

A. 朗格系数法
B. 设备系数法
C. 主体专业系数法
D. 比例估算法

27. 关于多层民用住宅建筑设计与工程造价的关系，下列说法正确的是 (   )。

A. 矩形住宅中，长∶宽=3∶1 最为经济
B. 住宅层高每降低 10cm，可降低造价 1.5%~2.0%
C. 住宅长度一般以 60~80m 较为经济
D. 在满足功能和质量要求前提下，适当缩小住宅宽度，有利于降低造价

28. 下列有关设计概算的批复和调整，表述正确的是 (   )。

A. 投资概算超过经批准的可行性研究报告提出的投资估算10%的，原则上先商请审计机关进行审计，并依据审计结论进行概算调整

B. 政府投资项目，建设投资原则上不得超过经核定的投资概算

C. 概算调增幅度超过原批复概算10%的，项目单位应当向投资主管部门或者其他有关部门报告

D. 因重大变更确需调整概算的，项目单位应按照规定的程序报原初步设计审批部门或者投资概算核定部门核定

29. 下列费用中，应计入单项工程综合概算表中的是 (   )。

A. 铺底流动资金
B. 工程建设其他费
C. 设备及工器具购置费
D. 建设期利息

30. 在建筑结构的选择中，五层以下的建筑物通常应选用 (   )。

A. 砌体结构
B. 钢筋混凝土结构
C. 钢结构
D. 框架结构

31. 单位工程施工图预算中的建筑安装工程费的主要编制方法包括 (   )。

A. 工料单价法
B. 综合单价法
C. 工程量清单单价法
D. 预算定额法

32. 在用工料单价法编制施工图预算时，当分项工程的主要材料品种与预算单价或单位估价表中规定材料不一致时，可以 (   )。

A. 按实际使用材料价格换算工料单价后再套用
B. 直接套用预算单价
C. 按实际需要对人工、材料、机具价格进行调整
D. 重新选择适用的定额单价

33. 下列有关招标文件澄清的表述，正确的是 (   )。

A. 招标文件的澄清可以书面或口头形式发给所有购买招标文件的投标人

B. 如果澄清发出的时间距投标截止时间不足 15 天，相应推迟投标截止时间

C. 招标文件的澄清需指明澄清问题的来源

D. 投标人收到澄清后的确认时间应采用相对时间

34. 在招标工程量清单编制的准备工作中，属于初步研究阶段工作内容的是（　　）。

A. 对土石方工程估算整体工程量　　　　B. 确定工程量清单的编审范围

C. 自然地理条件调查　　　　　　　　　D. 确定清单的项目编码

35. 最高投标限价中的暂列金额，通常应以（　　）为计算基数。

A. 分部分项工程费与可计量措施项目费

B. 分部分项工程费与措施项目费

C. 分部分项工程费、措施项目费和其他项目费

D. 分部分项工程费

36. 通常当最高投标限价复查结论与原公布的招标控制价误差大于（　　）时，应责成招标人改正。

A. ±2%　　　　　　　　　　　　　　B. ±3%

C. ±4%　　　　　　　　　　　　　　D. ±5%

37. 在投标报价过程中，下列有关询价工作表述正确的是（　　）。

A. 询价除需要了解生产要素价格外，还应了解影响价格的各种因素

B. 通常直接与厂商联系所得到的询价资料比较可靠

C. 在劳务市场上招募零散劳动力，可能带来费用较高的风险

D. 应先签订分包合同，才可以进行分包询价

38. 工程量的大小是投标报价最直接的依据，复核工程量的准确程度，对承包商经营行为的主要影响是（　　）。

A. 对工程量清单进行修改　　　　　　B. 准确地确定订货及采购物资的数量

C. 向招标人提出工程量清单存在的错误　D. 决定投标报价中应考虑的风险范围

39. 在下列各项中，属于投标报价编制依据而不属于招标工程量清单编制依据的是（　　）。

A. 市场价格信息　　　　　　　　　　B. 《建设工程工程量清单计价规范》

C. 招标文件　　　　　　　　　　　　D. 建设主管部门颁发的计价定额

40. 投标报价有算术错误的，对其修正程序表述正确的是（　　）。

A. 评标委员会按照有关原则对投标报价进行修正，修正的价格经投标人书面确认后具有约束力

B. 投标人按照有关原则对投标报价进行修正，修正的价格经评标委员会书面确认后具有约束力

C. 评标委员会按照有关原则对投标报价进行修正，修正的价格经招标人书面确认后具有约束力

D. 投标人按照有关原则对投标报价进行修正，修正的价格经招标人书面确认后具有约束力

41. 有关合同签订的规定，下列表述中正确的是（　　）。

A. 招标人应当在与中标人签订合同后 5 天内，向中标人退还投标保证金及银行同期存款利息

B. 发出中标通知书后，招标人无正当理由拒签合同的，应向中标人双倍退还投标保证金

C. 中标人无正当理由拒签合同的，招标人应没收其履约担保

D. 签约合同价应是在中标价基础上经过合同谈判修订后的价格

42. 根据团体标准《建设项目工程总承包计价规范》T/CCEAS 001 的规定，下列情形中，适合采用设计采购施工总承包（EPC）模式的是（　　）。

真题讲解
（42 题）

A. 投标人没有足够的时间仔细审核发包人要求的

B. 方案设计批准后发包的

C. 施工涉及实质性地下工程的

D. 发包人要审查大部分施工图纸的

43. 在世界银行贷款项目采购程序中，下列投标情况，属于国际竞争性招标项目评标内容的是（　　）。

A. 投标人是否符合实施合同经验的资格要求

B. 标书是否符合招标程序要求和技术要求

C. 投标人是否符合财务能力资格要求

D. 投标人是否符合技术能力资格要求

44. 某企业进行国际工程投标报价，下列费用项目，可与直接费、间接费平行计列的是（　　）。

A. 分包费   B. 税金

C. 施工管理费   D. 临时设施费

45. 由于承包人的原因导致工期延误，在工程延误期间国家法律、行政法规发生变化造成合同价款增加的，合同价款应（　　）。

A. 予以调整   B. 不予调整

C. 由承发包双方协商确定   D. 由监理工程师调解确定

46. 当应予计算的实际工程量与招标工程量清单出现偏差超过 15%，且该变化引起措施项目相应发生变化的，下列表述中正确的是（　　）。

A. 如该措施项目是按单价方式计价，工程量增加的，措施项目费调减

B. 如该措施项目是按单价方式计价，工程量减少的，措施项目费调增

C. 如该措施项目是按系数或单一总价方式计价的，工程量增加的，措施项目费调减

D. 如该措施项目是按系数或单一总价方式计价的，工程量增加的，措施项目费调增

47. 某土建工程，合同规定结算款为 200 万元，合同原始投标截止日期为 2018 年 3 月 15 日，工程于 2019 年 2 月建成交付使用，竣工结算支付证书的签发日期为 3 月 20 日。根据下表中所列工程人工费、材料费构成比例以及有关价格指数，则需调整的价格差额是（　　）。

有关费用构成及价格指数

项目	人工费	钢材	水泥	集料	一级红砖	砂	木材	不调值费用
比例	45%	11%	11%	5%	6%	3%	4%	15%
2018 年 2 月指数	100	100.8	102.0	93.6	100.2	95.4	93.4	—
2018 年 3 月指数	105.2	101.9	103.0	95.8	100.2	94.6	95.6	—
2019 年 2 月指数	110.1	98.0	112.9	95.9	98.9	91.1	117.9	—
2019 年 3 月指数	115.2	99.5	110.4	98.6	100.6	95.4	115.8	—

A. 12.75 万元　　　　　　　　　B. 30.74 万元

C. 49.27 万元　　　　　　　　　D. 170.18 万元

48. 有关索赔的概念和分类，下列表述中正确的是（　　）。

A. 工程索赔主要是由于当事人一方未履行合同约定，对方当事人追究其法律责任的行为

B. 根据索赔的目的和要求，可以将工程索赔分为工期索赔、费用索赔和利润索赔

C. 工程索赔既包括承包人与发包人之间的索赔，也包括总承包人和分包人之间的索赔

D. 不可抗力事件原因造成工期拖延的，承包人不可以向发包人提出索赔

49. 下列有关误期赔偿的表述，正确的是（　　）。

A. 发承包双方应在合同中明确每个工作日应赔偿额度

B. 承包人支付误期赔偿费，可以免除承包人应承担的责任

C. 误期赔偿费应在进度款中扣除

D. 当只有部分合同工程发生延误时，约定的误期赔偿费可以按比例调减

50. 有关工期索赔应注意的问题，下列表述中正确的是（　　）。

A. 可原谅的延期对非关键路线工作的影响时间较长，超过了该工作可用于自由支配的时间，应给予相应的工期顺延

B. 可原谅的延期通常都应给予相应的费用补偿

C. 承包人的原因造成被延误的工作是处于施工进度计划关键线路上的施工内容，应给予相应的工期顺延

D. 只有位于关键线路上的工作发生滞后，才会影响到竣工日期

51. 在确定工程预付款额度时，通常不需要考虑的因素是（　　）。

A. 施工工期

B. 承包人提交预付款担保的能力

C. 主要材料和构件费用占建安工程费的比例

D. 材料储备周期

52. 工程预付款是由发包人按照合同约定，在正式开工前由发包人预先支付给承包人的款项，主要用途是（　　）。

A. 成立施工管理现场机构　　　　　B. 用于作为工程款支付担保

C. 搭建施工所需的临时设施　　　　D. 购买工程施工所需的材料

53. 承包人编制工程竣工结算文件时，主要应依据（　　）。

A. 招标文件

B. 发承包双方未确认应调整款项的资料

C. 地方性的调价文件

D. 竣工图

54. 在竣工阶段，下列情况中应按合同约定办理竣工结算的是（　　）。

A. 未验收且未实际投入使用的工程

B. 停工、停建工程

C. 委托有资质的检测鉴定机构进行检测的争议工程

D. 已竣工未验收但实际投入使用的工程

55. 根据《最高人民法院关于审理建设工程施工合同纠纷案件适用法律问题的解释（一）》（法释〔2020〕25 号），下列关于发包人引起质量缺陷的价款纠纷处理的表述，正确的是（　　）。

A. 就分包的专业工程，发包人应当承担质量缺陷的过错责任

B. 就材料不符合强制性标准，发包人应当承担质量缺陷的过错责任

C. 发包人提前占用工程（未经竣工验收），以部分质量不符合约定为由主张权利的，不予支持

D. 承包人不需对地基基础工程和主体结构质量承担民事责任

56. 一方当事人对双方当事人已经签认的某一工程项目的计量结果有异议的，鉴定人应遵循的鉴定规则为（　　）。

A. 应对原计量结果进行复核

B. 当事人一方仅提出异议未提供具体证据的，按原计量结果进行鉴定

C. 应采用现场复核的方式重新核实计量结果

D. 提请委托人作出决定，并按照委托人作出的决定进行鉴定

57. 根据《建设项目工程总承包合同（示范文本）》GF-2020-0216，关于工程总承包合同价款结算，下列说法正确的是（　　）。

A. 在颁发工程接收证书前解除合同的，尚未扣完的预付款不与合同价一并结算

B. 发包人签发进度款支付证书，表明发包人同意、批准或接受了承包方已完成的相应工作

C. 已签发的进度款支付证书存在错误或遗漏的，不得再进行修改

D. 人工费应按月支付

58. 根据《FIDIC 施工合同条件》的规定，下列有关保留金扣减的表述中正确的是（　　）。

A. 业主一般会在期中支付时按 15% 的比例扣减一定金额作为保留金

B. 保留金计算基数应考虑工程材料、设备预支款

C. 保留金计算基数不考虑根据合同进行的价格调整

D. 保留金扣减累积达到的限额一般为中标合同金额的 5%

59. 在竣工决算时，产权不归属本单位的待核销基建支出，应作为（　　）处理。

A. 转出投资

B. 建设成本

C. 其他投资

D. 待摊投资

60. 关于无形资产的计价，以下说法中正确的是（　　）。

A. 如果非专利技术是自创的，一般应作为无形资产入账

B. 企业接受捐赠的无形资产，不作为无形资产入账

C. 购入的无形资产按照实际支付的价款计价

D. 商标权的转让价格应按照开发成本估价

二、多项选择题（共 20 题，每题 2 分。每题的备选项中，有 2 个或 2 个以上符合题意，至少有 1 个错项。错选，本题不得分；少选，所选的每个选项得 0.5 分）

61. 下列各项中，属于进口设备到岸价的是（　　）。

A. 装运港船上交货价

B. 银行财务费

C. 国际运费

D. 外贸手续费

E. 运输保险费

62. 在不增加施工成本前提下，对于建筑安装工程费中的不同部分可以选择不同的增加可抵扣增值税进项税额的方法，下列方法表述正确的是（　　）。

A. 劳务分包合同额中的增值税可以作为可抵扣增值税进项税额

B. 自购的施工机具企业计提的设备折旧无法抵扣进项税，只能在购买时一次性抵扣

C. 企业管理费必须从源头上对发票的收取做统一要求

D. 农产品收购发票不能作为增值税抵扣凭证

E. 材料采购可以为了价格低廉采购无增值税专用发票的材料

63. 以下关于土地使用权的获得及补偿费的表述中，正确的是（　　）。

A. 经营性房地产开发用地，可以采用租赁方式

B. 获取国有土地使用权的两种基本方式是出让和划拨

C. 城市规划区内国有土地上实施房屋拆迁，应承担征地补偿费

D. 土地使用权租赁方式是土地使用权出让方式的补充

E. 土地使用权出让合同约定的使用年限届满，准予续期的，应依照规定支付土地使用权出让金

64. 根据《工程造价改革工作方案》，完善工程计价依据发布机制应优化（　　）编制发布和动态管理。

A. 投资估算指标

B. 建筑工程定额

C. 概算定额

D. 预算定额

E. 施工定额

65. 在总承包服务费计价表的编制过程中，以下各项中应由招标人填写的是（　　）。

A. 项目名称

B. 服务内容

C. 计算基础

D. 费率

E. 金额

66. 下列对工人工作时间中基本工作时间的理解，正确的是（　　）。

A. 基本工作时间与辅助工作时间之和构成了有效工作时间

B. 基本工作时间的长短和工作量大小成正比

C. 基本工作时间是在正常额定负荷状态下的工作时间

D. 基本工作时间可以改变产品的外形、结构或性质等

E. 基本工作时间中包括由于施工工艺特点引起的工作中断所必需的时间

67. 施工仪器仪表台班单价中包括的内容有（　　）。

A. 台班折旧费 　　　　　　　　　　B. 台班维护费

C. 台班检修费 　　　　　　　　　　D. 台班校验费

E. 台班燃料动力费

68. 编制预算定额中的材料消耗量，下列各项中，属于测定法的是（　　）。

A. 换算法 　　　　　　　　　　　　B. 实验室试验法

C. 图示尺寸法 　　　　　　　　　　D. 现场测定法

E. 标准规格计算法

69. 大数据技术对项目造价管理工作会产生深远的影响，下列各项中属于大数据"为规范工程发承包行为提供有效数据支持"作用的是（　　）。

A. 为主管部门规范工程发承包市场提供依据

B. 可用于识别并治理围标串标等违法行为

C. 为投标人合理报价提供决策支持

D. 为智能决策提供支持

E. 有利于施工成本管理

70. 下列各项投资估算内容中，应包括在投资估算说明中的是（　　）。

A. 工程投资比例分析 　　　　　　　B. 编制方法

C. 资金筹措方式 　　　　　　　　　D. 主要技术经济指标

E. 影响投资的主要因素分析

71. 设计概算的编制内容包括静态投资和动态投资两个层次，下列有关动态投资的作用表述，正确的是（　　）。

A. 考核工程设计的依据 　　　　　　B. 筹措资金的限额

C. 考核施工图预算的依据 　　　　　D. 供应资金的限额

E. 控制资金使用的限额

72. 下列有关施工招标文件编制的描述，正确的是（　　）。

A. 当未进行资格预审时，招标文件中应包括投标邀请书

B. 评标办法可选择经评审的最低投标价法和综合评估法

C. 应包括本工程拟采用的通用合同条款、专用合同条款以及各种合同附件的格式

D. 如按照规定应编制最高投标限价的项目，其最高投标限价也应在招标时一并公布

E. 如果必须引用某一生产供应商的技术标准才能准确或清楚地说明拟建招标项目的技术标准时，则可直接引用

73. 投标有效期从投标截止时间起开始计算，主要用作组织评标委员会评标、招标人定标、发出中标通知书以及签订合同等工作，一般考虑的因素包括（　　）。

A. 招标准备需要的时间 　　　　　　B. 组织评标委员会完成评标需要的时间

C. 选定中标人后谈判需要的时间 　　D. 确定中标人需要的时间

E. 签订合同需要的时间

74. 下列各项中，属于初步评审标准中资格评审标准内容的是（　　）。

A. 投标人名称与营业执照一致　　　　B. 报价唯一

C. 投标文件格式符合要求　　　　　　D. 具备有效的安全生产许可证

E. 资质等级符合规定

75. 当已标价工程量清单中没有适用也没有类似于变更工程项目，且工程造价管理机构发布的信息价格缺价的，承包人提出变更工程项目单价的依据包括（　　）。

A. 报价浮动率　　　　　　　　　　　B. 变更工程资料

C. 现场签证报告　　　　　　　　　　D. 计量规则

E. 通过市场调查等取得的有合法依据的市场价格

76. 在下列各项中，属于工程索赔类合同价款调整事项的是（　　）。

A. 项目特征不符　　　　　　　　　　B. 提前竣工

C. 工程量清单缺项　　　　　　　　　D. 误期赔偿

E. 工程量偏差

77. 承包人在编制期中支付文件时，已完工程进度款支付申请中应包括的内容有（　　）。

A. 累计已完成的合同价款　　　　　　B. 本周期应扣回的预付款

C. 本周期已完成的计日工价款　　　　D. 本周期发生的特殊设备安全监督检验费

E. 本周期应支付的安全文明施工费

78. 关于合同价款纠纷的处理，下列说法正确的有（　　）。

A. 发包人要求承包人垫资施工但双方对垫资没有约定的，垫资部分按工程欠款处理

真题讲解
（78题）

B. 发包人要求承包人垫资，双方对垫资利息虽未约定，但承包人提出支付利息请求的，应予支持

C. 施工合同无效但建设工程验收合格的，可按合同对工程价款的约定折价补偿承包人

D. 施工合同无效且建设工程验收不合格，经修复后验收合格的，修复费用应由发包人承担

E. 招标投标双方另行签订施工合同约定的工程价款与中标合同金额不一致的，应按照中标合同确定权利义务

79. 根据《建设项目工程总承包合同（示范文本）》GF-2020-0216，暂估价是指用于支付必然发生但暂时不能确定价格的（　　）。

A. 专业服务　　　　　　　　　　　　B. 计日工

C. 专业工程　　　　　　　　　　　　D. 设计变更

E. 材料、设备

80. 在编制基本建设项目竣工财务决算表时，下列各项中属于资金来源的是（　　）。

A. 项目资本公积　　　　　　　　　　B. 待冲基建支出

C. 待核销基建支出　　　　　　　　　D. 未交基建收入

E. 转出投资

模拟题六

一、单项选择题（共 60 题，每题 1 分。每题的备选项中，只有一个最符合题意）

1. 下列各项中属于固定资产投资但不属于建设投资的是（   ）。

A. 建筑安装工程费
B. 建设期利息
C. 预备费
D. 工程建设其他费

2. 已知某进口设备货价为 300 万美元（美元与人民币的汇率为 1∶6.7），运费率为 5%，运输保险费率为 1.5%，外贸手续费率为 1.5%，则该进口设备的外贸手续费为（   ）万元。

A. 30.15
B. 32.13
C. 31.66
D. 32.14

3. 按照成本估价法计算国产非标准设备原价时，下列费用项目中，包含在利润计算基数中的是（   ）。

A. 增值税销项税额
B. 外购配套件费
C. 包装费
D. 设备设计费

4. 关于可计量措施项目的工程量计量单位，下列说法正确的是（   ）。

A. 混凝土模板按水平或垂直投影面积计算，以"m²"为单位
B. 大型机械设备进出场及安拆费按发生的运杂费和安拆费计算，以"元"为单位
C. 施工排水、降水费按排降水深度计算，以"m"为单位
D. 垂直运输费按施工工期日历天数计算，以"天"为单位

5. 假设某项目一般纳税人不含税的合同总额为 5000 万元，预判的可抵扣进项税额为 320 万元，工程分包的含税合同金额为 1500 万元，在不考虑各项附加税的条件下，应选择的计税方法为（   ）。

A. 一般计税方法
B. 小规模计税方法
C. 简易计税方法
D. 不确定

6. 下列各项中应计入改扩建项目场地准备和临时设施费中的是（   ）。

A. 场地平整费
B. 生活临时设施建设费
C. 拆除清理费
D. 总图运输费用

7. 下列各项中属于联合试运转费中试运转支出的是（   ）。

A. 单台设备的调试及试车费用
B. 试运转中暴露出来的因施工缺陷发生的处理费用
C. 试运转中暴露出来的因设备缺陷发生的处理费用
D. 施工单位参加试运转人员工资

8. 计算价差预备费时，通常应选择的基数为（   ）。

A. 以概算年份价格水平计算的工程费用、工程建设其他费用之和

B. 以概算年份价格水平计算的工程费用、工程建设其他费用及基本预备费之和

C. 以估算年份价格水平计算的工程费用、工程建设其他费用之和

D. 以估算年份价格水平计算的工程费用、工程建设其他费用及基本预备费之和

9. 某建设项目建设期为 2 年，分别于每年年初从银行获得贷款 3000 万元和 2000 万元，贷款年利率为 10%，建设期只计息不付息，则该项目建设期利息为（　　）万元。

真题讲解
（9题）

A. 500

B. 565

C. 830

D. 720

10. 在工程量清单的编制过程中，通常根据设计图纸、施工组织设计、施工规范、验收规范确定的内容是（　　）。

A. 计算工程量

B. 确定计量单位

C. 确定项目编码

D. 确定项目序号

11. 在正常的施工条件下，完成一定计量单位合格分项工程或结构构件所需消耗的人工、材料、施工机具台班数量及其费用标准的定额是（　　）。

A. 预算定额

B. 施工定额

C. 概算定额

D. 概算指标

12. 在工程实践中，为了克服目前计价规范不能完全支持多阶段交易的要求，出现了"模拟工程量清单"这一变通性方式。模拟工程量清单的编制基础主要是（　　）。

A. 构成工程实体的各部分实物工程量

B. 类似工程的清单项目和技术指标

C. 施工图设计

D. 《建设工程工程量清单计价规范》

13. 关于措施项目清单的编制，下列说法正确的是（　　）。

A. 垂直运输费应列入单价措施项目清单

B. 总价措施项目清单中不必编制项目编码

C. 超高施工增加费应列入总价措施项目清单

D. 单价措施项目清单中只能填写清单计量规范中已有的项目

14. 在总承包服务费计价表中，投标时应由投标人自主报价计入投标总价的是（　　）。

A. 项目价值

B. 服务内容

C. 计算基础

D. 费率

15. 在工人工作时间分类中，下列各项的时间长短与工作量无关，而和工作内容有关的是（　　）。

A. 钢筋煨弯

B. 辅助工作时间

C. 熟悉图纸

D. 粉刷油漆

16. 用规格为 290×240×115 的烧结空心砌块砌筑 365mm 厚墙体，灰缝宽度为 10mm，砌块损耗率为 1.5%，则每 10m^3 该种砌体空心砌块的消耗量为（　　）m^3。

真题讲解
（16题）

A. 9.030

B. 9.023

C. 8.903 D. 8.915

17. 随着信息技术的发展，计时观察的基本原理不变，但可采用更为先进的技术手段进行观测，通常可通过（ ）实时采集施工现场数据。

A. 大数据分析技术 B. 物联网智能设备

C. 区块链技术 D. 5G 通信技术

18. 下列各项中，既属于影响人工工日单价的因素，又属于影响材料单价变动因素的是（ ）。

A. 流通环节的多少 B. 生活消费指数

C. 运输距离和方法 D. 市场供需变化

19. 已知某施工机械需要两人操作，年制度工作日为 250 天，年工作台班为 230 天，人工日工资单价为 110 元/工日，则台班人工费为（ ）元/台班。

A. 220 B. 237.6

C. 239.13 D. 119.57

20. 当编制预算定额时，人工幅度差系数的取值范围通常是（ ）。

A. 10%～15% B. 8%～10%

C. 5%～8% D. 3%～5%

21. 工程计价信息是由若干具有特定内容和同类性质的、在一定时间和空间内形成的一连串信息，这体现了工程计价信息的（ ）特点。

A. 系统性 B. 多样性

C. 专业性 D. 动态性

22. 在编制工程造价指标时，按照工程造价指标层级的不同，通常将建设工程造价指标分为（ ）。

A. 建设项目造价指标、单项工程造价指标和单位工程造价指标

B. 民用建筑指标、工业建筑指标和构筑物指标

C. 工程经济指标、工程量指标、工料价格指标和消耗量指标

D. 建设项目总投资指标和建设项目投资明细指标

23. 根据《建设项目投资估算编审规程》CECA/GC 1 规定，下列各阶段中有可能编制投资估算的是（ ）。

A. 施工图设计阶段 B. 扩大初步设计阶段

C. 初步设计阶段 D. 方案设计阶段

24. 以拟建项目的设备购置费为基数，根据已建成的同类项目的建筑安装费和其他工程费等与设备价值的百分比，求出拟建项目建筑安装工程费和其他工程费，进而求出项目的静态投资，此估算方法可称为（ ）。

A. 因子估算法 B. 比例估算法

C. 指标估算法 D. 扩大指标估算法

25. 某地 2019 年拟建一年产 30 万辆汽车的生产项目。根据调查，该地区 2015 年建设的年产 10 万辆相同类型汽车的已建项目的投资额为 5 亿元。生产能力指数为 0.75，2015～2019 年工程造价平均每年递增 8%，则新建项目的静态投资额为（ ）亿元。

A. 16.74   B. 20.41

C. 22.04   D. 15.51

26. 已知某项目投资估算有关数据如下：应收账款 150 万元，应付账款 80 万元，预收账款 50 万元，预付账款 30 万元，存货 200 万元，库存现金 60 万元。则该项目流动资金为（   ）万元。

A. 310   B. 410

C. 350   D. 210

27. 在民用建设项目工程造价的主要因素中，下列关于层数对民用住宅建筑设计的影响表述正确的是（   ）。

A. 随着住宅层数增加（不超过 7 层），单方造价系数在逐渐增大，边际造价系数逐渐增大

B. 随着住宅层数增加（不超过 7 层），单方造价系数在逐渐增大，边际造价系数逐渐减小

C. 随着住宅层数增加（不超过 7 层），单方造价系数在逐渐降低，边际造价系数逐渐减小

D. 随着住宅层数增加（不超过 7 层），单方造价系数在逐渐降低，边际造价系数逐渐增大

28. 当用概算定额法编制设计概算时，在"列出单位工程中分部分项工程项目名称并计算工程量"步骤之后紧接着完成的工作是（   ）。

A. 计算措施项目费   B. 确定分部分项工程费

C. 编写概算编制说明   D. 计算汇总单位工程概算造价

29. 当采用概算定额法编制设计概算时，单位工程概算造价的汇总通常表现为（   ）。

A. 单位工程概算造价=分部分项工程费+措施项目费+其他项目费+规费+税金

B. 单位工程概算造价=分部分项工程费+措施项目费+其他项目费+规费

C. 单位工程概算造价=分部分项工程费+措施项目费+其他项目费

D. 单位工程概算造价=分部分项工程费+措施项目费

30. 下列项目中，包含在单位设备及安装工程概算中的是（   ）。

A. 电气、照明工程概算   B. 工器具及生产家具购置费

C. 通风、空调工程概算   D. 给水排水工程概算

31. 在用工料单价法编制施工图预算时，计算主材费并调整直接费时，主材费的计算依据是（   ）。

A. 材料预算价格   B. 材料信息价格

C. 当时当地的市场价格   D. 造价管理机构公布的材料价格

32. 在用实物量法编制施工图预算时，下列各项属于准备资料、熟悉施工图纸阶段工作内容的是（   ）。

A. 套用预算定额（或企业定额）   B. 收集编制施工图预算的编制依据

C. 计算主材费并调整直接费   D. 列项并计算工程量

33. 下列有关编制招标工程量清单的表述，正确的是（   ）。

A. 编制计日工表格的时候，若资料信息不够充分，也可不给出暂定数量

B. 确定需要设定的暂估价应是初步研究阶段的工作内容

C. 拟定常规施工组织设计时需要估算所有清单项目的工程量

D. 专业工程暂估价应是综合暂估价，应当包括管理费、利润、规费、税金在内

34. 建设工程项目签约合同价的确定取决于发承包方式，对于直接发包的项目，如按初步设计概算投资包干的，应以（　　）为签约合同价。

A. 经审批的概算投资中与承包内容相应部分的投资（扣除相应的不可预见费）

B. 经审批的概算投资中与承包内容相应部分的投资（包括相应的不可预见费）

C. 审查后的总概算或综合预算

D. 中标时确定的金额

35. 在招标投标过程中，招标人具有完全自主决定权的是（　　）。

A. 是否设最高投标限价　　　　　　　　B. 是否设最低投标限价

C. 是否编制标底　　　　　　　　　　　D. 从中标候选人中选定中标人

36. 对招标文件的澄清与修改，下列阐述错误的是（　　）。

A. 招标人对已发出的招标文件进行必要的修改，应当在投标截止时间15天前

B. 招标文件的澄清应指明澄清问题的来源

C. 投标人收到澄清后的确认时间，可以采用一个相对时间，也可以采用一个绝对的时间

D. 如果澄清发出的时间距投标截止时间不足15天，相应推后投标截止时间

37. 有关投标报价时生产要素询价的表述，正确的是（　　）。

A. 在外地施工需要的机械设备，有时在当地租赁或采购可能更为有利

B. 劳务分包的询价一般价格低廉，但有时素质达不到要求

C. 询价人员应在施工方案确定前发出材料询价单

D. 劳务市场招募零散劳动力的询价一般费用较高，但素质较可靠

38. 投标报价过程中，确定分部分项工程和单价措施项目综合单价通常包括下列步骤：①计算分部分项工程人工、材料、施工机具使用费；②计算综合单价；③确定计算基础；④分析每一清单项目的工程内容；⑤计算工程内容的工程数量与清单单位的含量。则下列排序中正确的是（　　）。

A. ④②⑤③①　　　　　　　　　　　　B. ③⑤④①②

C. ③④⑤①②　　　　　　　　　　　　D. ④⑤③②①

39. 在进行投标报价时，根据《建设工程工程量清单计价规范》GB 50500的建议，应完全由发包人承担的风险是（　　）。

A. 施工机具使用费　　　　　　　　　　B. 材料、工程设备费

C. 人工费　　　　　　　　　　　　　　D. 管理费

40. 下列情形中，评标委员会应否决其投标的是（　　）。

A. 采用了明显的不平衡报价策略

B. 招标文件未允许情况下，同一投标人提交两个以上不同的投标文件或者投标报价

C. 未对招标工程量清单的所有项目都进行报价

D. 投标总价金额与依据单价计算出的结果不一致

41. 下列有关合同价款约定的规定和内容的表述，正确的是（　　）。

A. 招标人和中标人应按照中标人的投标文件订立书面合同

B. 合同价就是中标价

C. 中标人无正当理由拒签合同的，招标人取消其中标资格，投标保证金予以退还

D. 招标人在向中标人退还投标保证金时，应同时退还银行同期贷款利息

42. 在编制工程总承包招标文件时，下列各项内容中属于发包人要求的是（　　）。

A. 发包人取得的有关审批、核准和备案材料

B. 可能包括的可行性研究报告或方案设计文件

C. 拟签订合同的主要条款

D. 对于可定量评估的工作规定偏离的范围和计算方法

43. 与国内的工程相比，国际工程投标报价中施工机械台班单价不包括（　　）。

A. 折旧费   B. 检修费

C. 维修费   D. 人工费

44. 在工程总承包投标文件的编制中，下列各项中属于承包人实施计划的是（　　）。

A. 工程详细说明   B. 项目实施要点

C. 设备方案   D. 对发包人要求错误的说明

45. 任一计日工项目实施结束，承包人应按照确认的计日工现场签证报告核实该类项目的工程数量，若已标价工程量清单中没有该类计日工单价的，应（　　）。

A. 由监理人或造价工程师确认应采用的计日工单价

B. 根据当期工程造价管理机构发布的信息价确认应采用的计日工单价

C. 由工程造价管理机构确认应采用的计日工单价

D. 由发承包双方按工程变更的有关规定商定计日工单价计算

46. 由于发包人的原因使工程未在约定的时间内竣工的，对计划进度日期后继续施工的工程进行价格调整时，涉及计划进度日期价格指数与实际进度日期价格指数，则调整价格差额计算应采用（　　）。

A. 计划进度日期的价格指数

B. 计划进度日期的价格指数与实际进度日期的价格指数中较低的一个

C. 计划进度日期的价格指数与实际进度日期的价格指数的平均值

D. 计划进度日期的价格指数与实际进度日期的价格指数中较高的一个

47. 对于给定暂估价的专业工程，若属于依法必须招标的项目，在承包人不参加投标时，以下表述中正确的是（　　）。

A. 应由发包人作为招标人

B. 同等条件下，应优先选择承包人中标

C. 拟定的招标文件、评标方法、评标结果应报送发包人批准

D. 与组织招标工作有关的费用由发包人另行支付

48. 在提出索赔和处理索赔的过程中，最关键最主要的索赔依据是（　　）。

A. 国家颁布实施的相关法律、行政法规   B. 工程建设强制性标准

C. 部门规章和地方性法规　　　　　　　D. 工程施工合同文件

49. 承包人在施工过程中，可向发包人提交签证认可的事项包括（　　）。

A. 合同工程内容因场地条件、地质水文、发包人要求等不一致

B. 物价波动超过合同中约定的风险范围

C. 基准日后发生了法律法规的变化

D. 发生了非合同双方当事人责任造成的罢工或停工

50. 因发生不可抗力事件导致工期延误的，工期相应顺延，若发包人要求赶工的，赶工费用的承担方式为（　　）。

A. 承包人承担　　　　　　　　　　　　B. 发包人承担

C. 发包人与承包人共同承担　　　　　　D. 发包人或承包人承担

51. 下列各项中应纳入工程计量范围的是（　　）。

A. 因承包人原因造成的超出合同工程范围施工或返工的工程量

B. 工程质量验收资料不全的已完工程

C. 价格调整和违约金

D. 采用经审定批准的施工图纸及其预算方式发包形成的总价合同约定工作范围内的部分

52. 下列有关施工过程结算的表述，说法正确的是（　　）。

A. 施工过程结算是对周期内已完成且无争议的工程量（不含变更、索赔等）进行工程进度款计算、确认和支付

B. 施工过程结算主要针对当年开工、当年竣工的新开工项目

C. 经双方确认的过程结算文件竣工后需经当事人双方重新审核、认定

D. 施工过程结算本质上与各合同范本中约定的期中结算主要目的是一致的

53. 有关质量保证金的预留和使用，下列表述正确的是（　　）。

A. 合同约定由承包人以银行保函替代预留质量保证金的，保函金额不得高于工程价款结算总额的5%

B. 在工程项目竣工前，已经缴纳履约保证金的，发包人不得同时预留工程质量保证金

C. 缺陷责任期内，应由承包人负责维修缺陷

D. 承包人维修并承担相应费用后，可免除对工程的损失赔偿责任

54. 根据《最高人民法院关于审理建设工程施工合同纠纷案件适用法律问题的解释（一）》（法释〔2020〕25号）的规定，对于工程欠款的利息支付，若建设工程未交付，同时工程价款也未结算，则利息从（　　）起计付。

A. 当事人起诉之日　　　　　　　　　　B. 法院作出判决之日

C. 仲裁机构作出裁决之日　　　　　　　D. 欠款义务产生之日

55. 建设工程合同履行过程中会产生大量的纠纷，以下处理原则正确的是（　　）。

A. 建设工程施工合同无效，发包人不予支付工程价款

B. 垫资施工部分的工程价款结算，垫资利息按照中国人民银行发布的同期同类贷款利率计算

C. 当事人对工程量有争议的，按照施工过程中形成的签证等书面文件确认

D. 建设工程施工合同解除后，已经完成的建设工程质量合格的，发包人是否需按照约定支付相应的工程价款视合同解除的责任人而定

56. 根据《建设工程造价鉴定规范》GB/T 51262 的规定，当鉴定项目合同对计价依据、计价方法约定条款前后矛盾，且委托人暂不明确适用条款的，鉴定人正确的处理方法是（ ）。

A. 向委托人提出"参照同类项目适用的方法和信息价进行鉴定"的建议，并按照委托人的决定进行鉴定

B. 提请委托人决定，并按照委托人的决定进行鉴定

C. 按不同的约定条款分别作出鉴定意见，供委托人判断使用

D. 向委托人提出"参照鉴定项目所在地同时期适用的方法和信息价进行鉴定"的建议，并按照委托人的决定进行鉴定

57. 根据《建设项目工程总承包合同（示范文本）》GF-2020-0216 通用合同条件，承包人合理化建议经发包人批准的，工程师应及时发出变更指示，由此引起的合同价格调整按照（ ）执行。

A. 利益分享原则   B. 当事人双方友好协商的原则

C. 由工程师进行合理暂定的原则   D. 合同中约定的变更估价原则

58. 根据《FIDIC 施工合同条件》的规定，下列各种情况中，承包商不能通知业主表明终止合同意向的是（ ）。

A. 业主未提供资金安排的证明，承包商向业主发出暂停工作通知后 42 天内仍未收到业主关于资金安排的合理证据

B. 工程师未在收到期中支付报表 56 天内颁发期中支付证书

C. 业主未在工程师收到期中支付报表和证明文件后于 56 天内付款

D. 承包商未在合同规定的支付期限届满 42 天内收到款项

59. 根据《中央基本建设项目竣工财务决算审核批复操作规程》的规定，下列项目的竣工决算应由主管部门直接审批的是（ ）。

A. 不向财政部报送年度决算的社会团体使用财政资金的非经营性项目

B. 主管部门本级投资额为 3000 万元的项目决算

C. 不向财政部报送年度决算的国有企业使用财政资金占项目资本比例超过 50% 的经营性项目决算

D. 中央单位项目决算

60. 关于新增固定资产价值的确定范围，下列说法正确的是（ ）。

A. 新增固定资产的待摊投资，应随同受益工程交付使用一并计入新增固定资产价值

B. 为改善劳动条件而建设的附属工程，不应计入新增固定资产价值

C. 土地征用费不应计入新增固定资产价值

D. 购置的不需安装的设备和工器具，应在交付使用后计入新增固定资产价值

二、多项选择题（共 20 题，每题 2 分。每题的备选项中，有 2 个或 2 个以上符合题意，至少有 1 个错项。错选，本题不得分；少选，所选的每个选项得 0.5 分）

61. 进口一台正常缴纳关税的机床，其进口从属费的构成为（ ）。

A. 银行财务费　　　　　　　　　　B. 国际运费

C. 关税　　　　　　　　　　　　　D. 车辆购置税

E. 增值税

62. 下列各项中可以作为可抵扣进项税额有效凭证的是（　　　）。

A. 简易计税方法的供应商从税务机关代开的增值税专用发票

B. 劳务分包公司根据合同额开出的增值税专用发票

C. 海关进口增值税缴款书

D. 自购施工机械企业计提的设备折旧

E. 农产品收购发票

63. 在工程建设其他费用中，下列内容属于建设期计列的生产经营费的是（　　　）。

A. 对系统设备进行系统联动无负荷试运转工作的调试费

B. 一次性支付的特许经营权费

C. 人员培训及提前进厂费

D. 专有技术使用费

E. 技术经济标准使用费

64. 在工程量清单计价方式下，下列各项中应在综合单价中单独列项的是（　　　）。

A. 风险费用　　　　　　　　　　B. 规费

C. 企业管理费　　　　　　　　　D. 利润

E. 税金

65. 根据《建设工程工程量清单计价规范》GB 50500 的规定，分部分项工程项目清单中必须载明的内容包括（　　　）。

A. 计算基础　　　　　　　　　　B. 计量单位

C. 项目特征　　　　　　　　　　D. 费率

E. 项目编码

66. 在确定人工定额消耗量的过程中，通常计入规范时间的是（　　　）。

A. 准备与结束时间　　　　　　　B. 基本工作时间

C. 不可避免中断时间　　　　　　D. 休息时间

E. 辅助工作时间

67. 下列各项中属于材料单价中材料运杂费的是（　　　）。

A. 调车和驳船费　　　　　　　　B. 装卸费

C. 运输损耗　　　　　　　　　　D. 采购费

E. 运输费

68. 计算预算定额中的机械台班消耗量时，机械台班幅度差的内容一般包括（　　　）。

A. 低负荷下工作时间

B. 正常施工条件下，机械在施工中不可避免的工序间歇

C. 施工本身造成的停工时间

D. 临时停机、停电影响机械操作的时间

E. 机械维修引起的停歇时间

69. 工程造价指标需要通过工程特征进行测算，下列各项中属于单项工程通用特征信息的是（　　）。

A. 建筑面积   B. 绿化率

C. 项目所在地   D. 高度类型

E. 结构类型

真题讲解
（69题）

70. 在建设规模方案比选时，项目合理建设规模的确定方法包括（　　）。

A. 盈亏平衡产量法   B. 技术水平对比法

C. 净现值法   D. 平均成本法

E. 生产能力平衡法

71. 在使用概算指标法编制设计概算时，若想直接套用概算指标编制概算，则拟建工程应在（　　）等方面与概算指标相同或相近。

A. 消耗定额   B. 结构特征

C. 地质及自然条件   D. 投资主体

E. 建筑面积

72. 关于最高投标限价中其他项目费的编制，下列表述中正确的是（　　）。

A. 计日工单价应根据工程造价管理机构公布的单价计算

B. 暂估价中的专业工程暂估价应分不同专业，按有关计价规定估算

C. 暂列金额一般以分部分项工程费和措施项目费的 10%~15% 为参考

D. 招标人要求对分包的专业工程进行管理和协调时，按分包专业工程估算造价的 1.5% 计算总承包服务费

E. 招标人自行供应材料的，按招标人供应材料价值的 1.5% 计算总承包服务费

73. 下列有关投标文件编制和递交应遵循规定的表述，正确的是（　　）。

A. 投标函附录在满足招标文件实质性要求的基础上，可以提出比招标文件要求更能吸引招标人的承诺

B. 投标保证金的有效期应与投标有效期保持一致

C. 除招标文件另有规定外，投标人不得递交备选投标方案

D. 投标人的投标保证金应当从其基本账户转出

E. 投标文件的改动之处应加盖单位公章并由投标人的法定代表人或其授权的代理人签字确认

74. 根据"评定分离"的实施方案，下列关于定标委员会组建的表述，正确的是（　　）。

A. 定标委员会中招标人单位在编人员不得超过成员总数的三分之二

B. 定标委员会由招标人负责组建和管理

C. 招标人的法定代表人或主要负责人不得参加定标委员会

D. 定标委员会成员名单在中标结果确定前应当保密

E. 定标方法和标准等内容应当在招标文件中明确

75. 因不可抗力导致了人员伤亡、财产损失及费用增加，以下损失中由发包人承担的是（　　）。

A. 已实施或部分实施的措施项目　　　　B. 因工程损害导致第三方人员伤亡

C. 发包方人员伤亡　　　　　　　　　　D. 工程所需清理、修复费用

E. 承包人为合同工程合理订购且已交付货款的材料和工程设备，但尚未运到工程现场

76. 有关费用索赔的计算，下列表述中正确的是（　　　　）。

A. 工程延期时，承包人办理各项保险的延期手续而增加的费用，可以向发包人提出索赔

B. 工程延期时，承包人办理履约保函的延期手续而增加的费用，可以向发包人提出索赔

C. 利息索赔时，利率标准应按照中国人民银行发布的同期同类贷款利率计算

D. 由于工程范围的变更、发包人提供的文件有缺陷或错误等事件引起的索赔，承包人都可以列入利润

E. 分包人的索赔款项应当列入总承包人对发包人的索赔款额中

77. 当计算工程预付款额度时，材料储备定额天数通常包括（　　　　）。

A. 在途天数　　　　　　　　　　　　B. 年度施工天数

C. 整理天数　　　　　　　　　　　　D. 工期天数

E. 保险天数

78. 承包人向发包人提交的竣工结算款支付申请的内容应包括（　　　　）。

A. 累计已完成的合同价款　　　　　　B. 累计已实际支付的合同价款

C. 本周期合计完成的合同价款　　　　D. 应扣留的质量保证金

E. 实际应支付的竣工结算款金额

79. 根据《FIDIC 施工合同条件》，当承包商提交的最终报表初稿中包括（　　　　）内容时，承包商应编制并提交部分同意的最终报表。

A. 承包商在履约证书签发之后依据合同已发通知的索赔金额

B. 承包商在履约证书签发之后已提交争端避免/裁决委员会解决事项的金额

C. 承包商在履约证书签发之后针对争端避免/裁决委员会决定已发不满意通知事项的金额

D. 承包商根据合同完成的所有工作的价值

E. 承包商认为在颁发履约证书时应获得的其他金额

80. 下列有关竣工决算编报时间要求的表述，正确的是（　　　　）。

A. 项目完工可投入使用或试运行合格后，应当在 3 个月内编报竣工财务决算

B. 在考虑延长期限的情况下，中小型项目编报竣工财务决算的最长时限为 6 个月

C. 在考虑延长期限的情况下，大型项目编报竣工财务决算的最长时限为 12 个月

D. 中小型项目编报竣工财务决算的时限延长不超过 2 个月

E. 大型项目编报竣工财务决算的时限延长不超过 6 个月

模拟题七

一、单项选择题（共 60 题，每题 1 分。每题的备选项中，只有一个最符合题意）

1. 关于流动资金的概念，下列表述中正确的是（　　）。

A. 在项目报批总投资中应计算全部流动资金

B. 非生产性建设项目总投资中应包括流动资金

C. 铺底流动资金是在项目资本金中筹措的自有流动资金

D. 流动资金是为购买原材料、燃料、支付工资等所需的一次性资金

真题讲解
（1题）

2. 在进口设备从属费用计算中，下列各项中以装运港船上交货价作为计算基数的是（　　）。

A. 消费税 　　　　　　　　　　B. 外贸手续费

C. 银行财务费 　　　　　　　　D. 国际运费

3. 在计算国产非标准设备原价时，下列各项中不属于增值税计算基数的是（　　）。

A. 包装费 　　　　　　　　　　B. 外购配套件费

C. 利润 　　　　　　　　　　　D. 非标准设备设计费

4. 根据《建筑安装工程费用项目组成》的规定，在按费用构成要素划分和按造价形成划分这两种划分方法中都要单独列项的是（　　）。

A. 规费 　　　　　　　　　　　B. 企业管理费

C. 材料费 　　　　　　　　　　D. 人工费

5. 在国外建筑安装工程费用中，以下关于开办费的表述，正确的是（　　）。

A. 单项工程建筑安装工程量越大，开办费在工程施工承发包价格中的比例就越小

B. 单项工程建筑安装工程量越小，开办费在工程施工承发包价格中的比例就越小

C. 开办费项目通常采用分摊进单价的形式体现在承包商投标报价中

D. 一般开办费约占工程施工承发包价格的 20%~30%

6. 在建设期的生产经营费中，下列关于专利与专有技术使用费的表述，正确的是（　　）。

A. 专有技术的界定应以国家鉴定批准为依据

B. 项目投资中只计需在建设期支付的专利及专有技术使用费

C. 一次性支付的商标权按研发成本计列

D. 按专利使用许可协议和专有技术使用合同的规定计列

7. 下列工程建设其他费用中，以设计定员为基数进行计算的是（　　）。

A. 招标代理费 　　　　　　　　B. 专利和专有技术使用费

C. 生产准备费 　　　　　　　　D. 联合试运转费

8. 在计算价差预备费时，年涨价率政府部门有规定的应按规定执行，没有规定的应

（   ）。

A. 由可行性研究人员预测
B. 参照类似行业的水平
C. 按估算年份价格水平计算
D. 参照市场平均水平估计

9. 关于建设期利息的计算公式 $q_j = \left(P_{j-1} + \dfrac{1}{2}A_j\right) \cdot i$ 的应用，下列说法正确的是（   ）。

A. 按总贷款在建设期内均衡发放考虑
B. P_{j-1} 为第 $(j-1)$ 年年初累计贷款本金和利息之和
C. 按贷款在年中发放和支用考虑
D. 按建设期内支付贷款利息考虑

10. 关于定额计价与工程量清单计价的区别，下列表述正确的是（   ）。

A. 工程造价可以表示为工程量与单价乘积后的汇总
B. 定额计价与工程量清单计价的最根本区别是造价形成机制不同
C. 定额计价与工程量清单计价的最根本区别是风险分担方式不同
D. 定额计价与工程量清单计价的最根本区别是计价的目的不同

11. 根据定额的编制程序和用途分类，项目划分程度最细的计价定额是（   ）。

A. 预算定额
B. 施工定额
C. 概算定额
D. 概算指标

12. 在工程实践中，为了克服目前计价规范不能完全支持多阶段交易的要求，通常采用的变通性方式是（   ）。

A. 虚拟工程量清单
B. 暂估工程量清单
C. 总价工程量清单
D. 模拟工程量清单

13. 在总承包服务费计价表中，应由投标人自主报价的是（   ）。

A. 项目名称
B. 费率
C. 项目价值
D. 服务内容

14. 编制分部分项工程项目清单时，工程数量的计算应以（   ）为准。

A. 实体工程量
B. 计划工程量
C. 实际施工量
D. 实体施工量

15. 在下列各项停工时间中，可以在编制定额时给予合理考虑的是（   ）。

A. 工作面准备工作做得不好造成的停工时间
B. 材料供应不及时造成的停工时间
C. 工作地点组织不良造成的停工时间
D. 停电造成的停工时间

16. 在各类机器工作时间中，属于不可避免中断时间的是（   ）。

A. 汽车装货和卸货时的停车
B. 没有及时供料而使机器空转
C. 未及时供给燃料使机器停转
D. 筑路机在工作区末端掉头

17. 通过计时观察资料得知：人工挖三类土 $1m^3$ 的基本工作时间为 7h，辅助工作时间占工序作业时间的 2%。准备与结束工作时间、不可避免的中断时间、休息时间分别占工作日的 3%、2%、18%。则该人工挖三类土的产量定额是（   ）m^3／工日。

A. 1.16

B. 1.14

C. 0.877

D. 0.862

18. 已知购买某种材料，原价为 2000 元/t，材料运杂费为 50 元/t（原价和运杂费均为不含税价格），运输损耗率为 0.5%，采购保管率为 4%，则该材料单价中的采购保管费应为（   ）元/t。

A. 82

B. 82.41

C. 80

D. 92.66

19. 对于下列不同的施工机械，其安拆费及场外运费应单独计算的是（   ）。

A. 安拆简单、移动不需要起重及运输机械的轻型施工机械

B. 安拆简单、移动需要起重及运输机械的轻型施工机械

C. 安拆复杂、移动不需要起重及运输机械的重型施工机械

D. 安拆复杂、移动需要起重及运输机械的重型施工机械

20. 实际工程现场运距超过预算定额取定运距时，超出取定运距的用工应计入（   ）。

A. 现场二次搬运用工

B. 基本用工

C. 辅助用工

D. 超运距用工

21. 大数据技术对工程造价管理有很深远的影响，下列各项中属于为规范工程发承包行为提供有效数据支持的是（   ）。

A. 提高项目各阶段协同工作的效率

B. 辅助工程建设各阶段的有效策划

C. 有利于施工成本管理

D. 可用于识别并治理围标串标等违法行为

22. 在工程造价指标的使用中，属于"作为拟建类似项目工程计价的重要依据"的是（   ）。

A. 用作编制各类定额的基础资料

B. 用作编制初步设计概算的重要依据

C. 用作编制施工图预算的重要依据

D. 影响因素和风险分析

23. 在决策阶段影响工程造价的主要因素中，决定项目建设规模的环境因素包括（   ）。

A. 燃料动力供应

B. 原材料供应

C. 资金供应

D. 劳动力供应

24. 朗格系数法能够达到一定的估算精度，主要原因是（   ）。

A. 不同地区经济地理条件的差异

B. 不同地区气候条件的差异

C. 设备费用在一项工程中所占的比重较大

D. 不同地区自然地理条件的差异

25. 某地 2019 年拟建一年产 30 万辆汽车的生产项目。根据调查，该地区 2015 年建设的年产 10 万辆相同类型汽车的已建项目的投资额为 5 亿元。生产能力指数为 0.75，

2015~2019 年工程造价平均每年递增 8%，该项目预计建设期 3 年，建设期预计保持同样的造价递增规律，则新建项目的静态投资额为（　　）亿元。

A. 20.41 　　　　　　　　　　　　　B. 19.53

C. 25.71 　　　　　　　　　　　　　D. 15.51

26. 当采用形成资产法编制建设投资估算表时，下列关于预备费的处理方法正确的是（　　）。

A. 列入固定资产费用 　　　　　　　B. 列入无形资产费用

C. 列入其他资产费用 　　　　　　　D. 单独列项

真题讲解
（26 题）

27. 民用住宅的层高设计中需考虑采光与通风问题，层高过低不利于采光及通风，因此民用住宅的层高一般不宜超过（　　）。

A. 2.5m 　　　　　　　　　　　　　B. 2.8m

C. 2.6m 　　　　　　　　　　　　　D. 2.7m

28. 在影响工业建设项目工程造价的主要因素中，对于工业建筑，采用大跨度、大柱距的平面设计形式，目的是提高（　　）。

A. 结构面积系数 　　　　　　　　　B. 平面利用系数

C. 建筑周长系数 　　　　　　　　　D. 工程造价系数

29. 与建设项目总投资相比，建设项目总概算在内容构成上的主要区别是包括（　　）。

A. 生产或经营性项目铺底流动资金 　　B. 工程建设其他费用

C. 设备及工器具购置费 　　　　　　D. 建设期利息

30. 采用概算定额法编制建筑工程概算通常包括以下步骤：① 确定各分部分项工程费；②计算汇总单位工程概算造价；③收集基础资料、熟悉设计图纸、了解有关施工条件和施工方法；④编写概算编制说明；⑤按照概算定额子目，列出单位工程中分部分项工程项目名称并计算工程量；⑥计算措施项目费。则正确的排列顺序为（　　）。

A. ③⑤①②⑥④ 　　　　　　　　　B. ③⑤①⑥②④

C. ③⑤⑥①②④ 　　　　　　　　　D. ③⑤②①⑥④

31. 工料单价法与实物量法编制施工图预算有不同的步骤，体现在工料单价法包含（　　）步骤。

A. 准备资料、熟悉施工图纸 　　　　B. 编制工料分析表

C. 列项并计算工程量 　　　　　　　D. 计算其他各项费用，汇总造价

32. 当施工图预算采用二级预算编制形式时，工程预算文件通常包括（　　）。

A. 综合预算表 　　　　　　　　　　B. 编制说明

C. 建设期利息预算表 　　　　　　　D. 工程建设其他费用预算表

33. 在招标工程量清单编制的准备工作中，需要拟定常规施工组织设计，当拟定施工总方案时通常不需考虑的是（　　）。

A. 关键工艺的原则性规定 　　　　　B. 施工步骤

C. 施工机械设备的选择 　　　　　　D. 现场的平面布置

34. 关于招标工程量清单中分部分项工程量清单的编制，下列表述中正确的是（　　）。

A. 项目特征描述不能直接采用"详见××图集"或"详见××图号"的方式

B. 分部分项工程量清单的项目名称应按专业工程计量规范附录的项目名称确定

C. 分部分项工程量清单的项目编码在同一招标工程中不得有重码

D. 对补充项目的工程量计算规则，计算结果可以不唯一

35. 当编制最高投标限价时，综合单价应包括招标文件中要求（　　）所承担的风险内容及范围（幅度）产生的风险费用。

A. 招标人　　　　　　　　　　　　B. 投标人

C. 发包人　　　　　　　　　　　　D. 中标人

36. 根据最高投标限价的市场化发展趋势，下列各项中可参考类似项目的专业承包市场价格确定综合单价的是（　　）。

A. 幕墙工程　　　　　　　　　　　B. 楼地面工程

C. 屋面工程　　　　　　　　　　　D. 钻孔灌注桩工程

37. 在施工投标过程中，经工程量复核发现工程量清单有误，则投标人可以（　　）。

A. 直接修改工程量清单中的工程量

B. 根据自己拟定的施工组织设计，对措施项目内容作出修正

C. 采用不平衡报价策略，对可能增加的工程量将单价适当调低

D. 向招标人提出，由招标人统一修改并将修改情况通知所有投标人

38. 投标报价的编制过程，投标人应根据招标人提供的工程量清单编制分部分项工程和措施项目清单与计价表，其他项目清单与计价表，规费、税金项目计价表，分别编制完成后可以得到（　　）。

A. 投标总价　　　　　　　　　　　B. 建设项目投标报价汇总表

C. 单项工程投标报价汇总表　　　　D. 单位工程投标报价汇总表

39. 根据《建设工程工程量清单计价规范》GB 50500 的建议，下列各项风险应包括在投标报价中的是（　　）。

A. 人工费发生变化的风险　　　　　B. 5%以外的材料、工程设备价格风险

C. 10%以外的施工机具使用费风险　D. 全部管理风险

40. 某世界银行贷款项目招标采用经评审的最低投标价法评标，共有甲、乙、丙三位投标人，招标文件中规定了工期提前效益对报价的修正（工期每提前 1 个月有 10 万元评标优惠）。同时由于甲、乙均为借款国国内投标人，享有 7.5% 的评标优惠。已知三名投标人的投标报价、工期以及基准工期如下表所示。则推荐的中标候选人排序为（　　）。

三名投标人的投标报价、工期及基准工期

投标人	甲	乙	丙
投标报价（万元）	1000	990	930
工期（月）	18	19	15
基准工期（月）	20		

A. 甲、乙、丙　　　　　　　　　　B. 乙、甲、丙

C. 丙、乙、甲　　　　　　　　　　D. 丙、甲、乙

41. 根据《建筑工程施工发包与承包计价管理办法》（住房和城乡建设部令第 16 号），下列关于合同价款类型选择描述正确的是（   ）。

A. 实行工程量清单计价的建筑工程，发承包双方应采用单价方式确定合同价款

B. 技术难度较低的建设工程，发承包双方可以采用成本加酬金方式确定合同价款

C. 建设规模较小的建设工程，发承包双方可以采用总价方式确定合同价款

D. 紧急抢险的建设工程，发承包双方应采用成本加酬金方式确定合同价款

42. 在下列工程总承包方式中，属于阶段性总承包方式的是（   ）。

A. 交钥匙总承包   B. EPC 总承包

C. 全过程工程咨询总承包   D. 设计-施工总承包

43. 在国际工程中，人工工日单价就是指国内派出工人和工程所在国招募的工人每个工作日的平均工资单价。在计算国内派出工人工资时一般需要计算工资预涨费，工资预涨费的比率通常是（   ）。

A. 2%～3%   B. 3%～5%

C. 5%～10%   D. 10%～15%

44. 在国际竞争性招标程序中，若采用两信封制度，则以下表述正确的是（   ）。

A. 投标人将技术标和商务标分别装入两个信封，并在两次开标会议上分别提交

B. 技术标的评比可能要几个星期

C. 技术上不符合要求的标书，其商务标依然正常开启

D. 如果采购合同简单，技术标和商务标也可以在一次会议上同时开启

45. 在变更事件中，以下各项费用调整时不使用报价浮动率的是（   ）。

A. 分部分项工程费   B. 安全文明施工费

C. 单价计算的措施项目费   D. 总价计算的措施项目费

46. 某工程项目招标工程量清单数量为 $1500m^3$，施工中由于设计变更改变为 $1800m^3$，该项目最高投标限价综合单价为 300 元/m^3，投标报价为 400 元/m^3，承包人报价浮动率为 5%，则该工程项目结算金额为（   ）元。

A. 717168.75   B. 715875

C. 708675   D. 703500

47. 当采用价格指数法调整价格差额时，若得不到现行价格指数，可采取的方法是（   ）。

A. 本期暂不调整   B. 由承包人和发包人协商后进行调整

C. 暂用上一次价格指数计算   D. 估计现行价格指数后予以调整

48. 在工程索赔费用计算中，分包费用是指（   ）。

A. 分包人对发包人的索赔款项   B. 总承包人对分包人的索赔款项

C. 分包人对总承包人的索赔款项   D. 发包人对分包人的索赔款项

49. 某工程合同价格为 6000 万元，计划工期是 300 天，施工期间因非承包人原因导致工期延误 20 天，若同期该公司承揽的所有工程合同总价为 3 亿元，计划总部管理费为 2000 万元，则承包人可以索赔的总部管理费为（   ）万元。

A. 133.33   B. 26.67

C. 400　　　　　　　　　　　　　　　D. 13.33

50. 下列各项中，在无合同特殊约定的情况下可以直接作为索赔依据的是（　　　）。

A. 住房和城乡建设部关于进一步加强房屋建筑和市政基础设施工程招标投标监管的指导意见

B. 省级造价管理部门颁发的人工费调价文件

C.《建设工程施工合同（示范文本）》GF-2017-0201

D.《建设工程工程量清单计价规范》GB 50500

51. 已知某工程项目承包工程合同总额为 1000 万元，工程预付款为合同金额的 20%，合同总额中主要材料及构件所占比重为 50%，则起扣点为（　　　）万元。

A. 300　　　　　　　　　　　　　　　B. 400

C. 500　　　　　　　　　　　　　　　D. 600

52. 在进行工程进度款计算时，由发包人提供的材料、工程设备金额，应按照（　　　）从工程进度款中扣除，列入本周期应扣减的金额中。

A. 发包人签约提供的数量和单价　　　B. 发包人实际提供的数量和签约单价

C. 发包人签约提供的数量和实际单价　D. 发包人实际提供的数量和单价

53. 工程完工后，承包方应当在工程完工后的约定期限内提交竣工结算文件。未在规定期限内完成的，并且提不出正当理由延期的，承包人经发包人催告后仍未提交竣工结算文件或没有明确答复，正确的处理方法是（　　　）。

A. 发包人有权拒绝支付竣工结算款

B. 发包人有权根据已有资料编制竣工结算文件，作为办理竣工结算和支付结算款的依据

C. 发包人可以就竣工结算款提请第三方裁定

D. 发包人可以拒绝签发工程接收证书

54. 关于合同价款纠纷的解决途径，下列表述中错误的是（　　　）。

A. 监理或造价工程师暂定属于合同价款纠纷解决的调解途径

B. 若监理或造价工程师做出了暂定结果，在暂定结果不实质影响发承包双方当事人履约的前提下，发承包双方应实施该结果，直到其按照双方认可的争议解决办法被改变为止

C. 若工程造价管理机构做出了解释，除工程造价管理机构的上级管理部门作出了不同的认定，或在仲裁裁决或法院判决中不予采信的外，该认定作为最终结果，对双方均有约束力

D. 若双方约定争议调解人做出了调解，除非并直到调解书在协商和解或仲裁裁决、诉讼判决中做出修改，或合同已经解除，承包人应继续按照合同实施工程

55. 根据《最高人民法院关于审理建设工程施工合同纠纷案件适用法律问题的解释（一）》（法释〔2020〕25 号）的规定，建设工程施工合同无效，一方当事人请求对方赔偿损失的，应承担的举证责任是（　　　）。

A. 双方过错、损失大小、过错与损失之间的因果关系

B. 对方过错、损失大小、过错与损失之间的因果关系

C. 合同效力、损失大小、效力与损失之间的因果关系

D. 双方过错、合同效力、过错与效力之间的因果关系

56. 根据《最高人民法院关于审理建设工程施工合同纠纷案件适用法律问题的解释（一）》（法释〔2020〕25 号），当事人就同一建设工程订立的数份建设工程施工合同均无效，但建设工程质量合格，且实际履行的合同难以确定，此时折价补偿承包人应参照的合同是（   ）。

A. 法庭或仲裁庭裁定的合同　　　　B. 最后签订的合同

C. 招标文件、投标文件和中标通知书　　D. 最早签订的合同

57. 《建设项目工程总承包合同（示范文本）》GF-2020-0216 通用合同条件规定，承包人对发包人签认的竣工付款证书有异议的，对于有异议部分应在收到发包人签认的竣工付款证书后规定期限内提出异议，并由合同当事人按照合同约定的方式和程序进行复核，或按照合同争议解决条款的约定处理。对于无异议的部分，发包人应签发（   ）。

A. 竣工付款证书　　　　　　　　　B. 无异议竣工付款证书

C. 最终结清付款证书　　　　　　　D. 临时竣工付款证书

58. 根据《FIDIC 施工合同条件》规定，如果在颁发工程接收证书前，或者因业主提出终止、承包商提出暂停和终止、不可预见事件而导致合同终止之前，预付款仍未全部返还的，正确的处理方式是（   ）。

A. 剩余的预付款应在最终结清时进行清算

B. 业主和承包商应通过协商决定处理方式

C. 承包商应立即将预付款所有剩余部分返还给业主

D. 视终止的原因区分不同的责任承担者采取不同的处理方式

59. 根据《关于印发〈基本建设项目竣工财务决算管理暂行办法〉的通知》（财建〔2016〕503 号）的规定，经申请延长后，中、小型项目竣工财务决算的编制应不迟于项目完工可投入使用或者试运行合格后（   ）个月。

A. 6　　　　　　　　　　　　　　B. 9

C. 5　　　　　　　　　　　　　　D. 3

60. 在计算新增固定资产价值时，通常以独立发挥生产能力的（   ）为对象。

A. 分部分项工程　　　　　　　　　B. 建设项目

C. 单位工程　　　　　　　　　　　D. 单项工程

二、多项选择题（共 **20** 题，每题 **2** 分。每题的备选项中，有 **2** 个或 **2** 个以上符合题意，至少有 **1** 个错项。错选，本题不得分；少选，所选的每个选项得 **0.5** 分）

61. 在计算设备购置费时，下列各项中应计入设备原价的是（   ）。

A. 设备采购人员、保管人员和管理人员的工资

B. 设备购置时随设备同时订货的首套备品备件所发生的费用

C. 进口设备从装运港（站）到达我国目的港（站）的运费

D. 非标准设备设计费

E. 为运输而进行的包装支出的各种费用

62. 在施工排水、降水措施项目中，以下各项中属于成井费用的是（　　）。

A. 准备钻孔机械的费用

B. 管道安装、拆除、场内搬运等费用

C. 抽水、值班、降水设备维修等费用

D. 对接上、下井管的费用

E. 泥浆制作、固壁费用

63. 下列各项工程建设其他费用中属于工程咨询服务费的是（　　）。

A. 招标代理费　　　　　　　　　　B. 招募生产工人费

C. 地质灾害危险性评价费　　　　　D. 竣工验收费

E. 设计评审费

64. 下列各项属于工程量清单计价活动范围的是（　　）。

A. 设计概算　　　　　　　　　　　B. 施工图预算

C. 确定合同价　　　　　　　　　　D. 工程计量与价款支付

E. 竣工决算

65. 其他项目清单的具体内容主要取决于（　　）。

A. 市场价格的波动程度　　　　　　B. 国家政策和法律法规的变化

C. 工程的工期长短　　　　　　　　D. 工程的复杂程度

E. 发包人对工程管理要求

66. 按劳动者、劳动工具、劳动对象所处位置和变化分类，施工过程可分为（　　）。

A. 机械化过程　　　　　　　　　　B. 综合工作过程

C. 工艺过程　　　　　　　　　　　D. 搬运过程

E. 检验过程

67. 下列各种情况中无须计算场外运费的是（　　）。

A. 不需相关机械辅助设施的自行移动机械

B. 固定在车间的施工机械

C. 不需安拆的施工机械

D. 安拆复杂、移动需要起重及运输机械的重型施工机械

E. 自升式塔式起重机、施工电梯

68. 在投资估算指标中，建设项目综合指标的内容一般包括（　　）。

A. 工程费用　　　　　　　　　　　B. 建设期利息

C. 工程建设其他费用　　　　　　　D. 预备费

E. 流动资金

69. 工程造价指标需要根据工程特征进行测算。对于房屋建筑工程而言，建设项目的面积信息中，属于可选择描述的项目特征是（　　）。

A. 建筑面积　　　　　　　　　　　B. 红线内室外面积

C. 人防建筑面积　　　　　　　　　D. 占地面积

E. 停车场面积

70. 当采用设备系数法进行投资估算时，通常可以用来作为计算基数的是（　　）。

A. 已建项目的设备购置费　　　　　B. 拟建项目的设备购置费

C. 已建项目的工艺设备投资　　　　D. 拟建项目的工艺设备投资

E. 拟建项目的工程费用

71. 若想直接套用概算指标编制设计概算，则拟建工程应满足的条件是（　　）。

A. 拟建工程的建设地点与概算指标中的工程建设地点相同

B. 拟建工程的建设时间与概算指标中的工程建设时间相同

C. 拟建工程的结构特征与概算指标中的结构特征基本相同

D. 拟建工程的建筑面积与概算指标中工程的建筑面积相差不大

E. 拟建工程的承发包方式与概算指标中的工程承发包方式相同

72. 在招标工程量清单的编制过程中，分部分项工程量清单的工程量计算应遵循的原则是（　　）。

A. 计算口径一致　　　　　　　　　B. 按实际施工量计算

C. 按工程量计算规则计算　　　　　D. 按一定顺序计算

E. 按图纸计算

73. 报价是投标的关键性工作，报价是否合理不仅直接关系到投标的成败，还关系到中标后企业的盈亏。投标报价的编制原则包括（　　）。

A. 自主报价原则　　　　　　　　　B. 利润最大化原则

C. 风险分担原则　　　　　　　　　D. 遵循定额要求原则

E. 不低于成本原则

74. 采用综合评估法进行评标，以下内容中属于综合评估比较表的是（　　）。

A. 投标人的投标报价　　　　　　　B. 对商务偏差的调整

C. 对技术偏差的调整　　　　　　　D. 已评审的最终投标价

E. 每一投标的最终评审结果

75. 当发生了以计日工方式实施的零星工作时，承包人应提交发包人复核的报表及有关凭证包括（　　）。

真题讲解
（75题）

A. 工作名称、内容和数量

B. 投入该工作所有人员的姓名、工种、级别、耗用工时和单价

C. 投入该工作的材料名称、类别、数量和单价

D. 投入该工作的施工机具型号、台数、耗用台时和单价

E. 发包人要求提交的其他资料和凭证

76. 在索赔费用的计算过程中，现场管理费索赔时现场管理费率的确定方法通常有（　　）。

A. 地区平均水平法　　　　　　　　B. 平均成本法

C. 定额估价法　　　　　　　　　　D. 原始估价法

E. 历史数据法

77. 在合同价款纠纷的各种解决途径中，其结果对承发包双方都有约束力的方式为（　　）。

A. 管理机构的解释或认定　　　　　B. 协商达成一致

C. 仲裁 　　　　　　　　　　　D. 约定争议调解人进行调解

E. 诉讼

78. 当事人因材料价格发生争议的，鉴定人应提请委托人决定并按其决定进行鉴定，委托人未及时决定的，可采用的鉴定规则为（　　）。

A. 材料采购前未报发包人或其代表认质认价的，按合同约定的价格进行鉴定

B. 材料价格在采购前经发包人或其代表签批认可的，按合同约定的价格进行鉴定

C. 发包人认为承包人采购的材料不符合质量要求，不予认价的，应不予鉴定

D. 材料采购前未报发包人或其代表认质认价的，应按签批的材料价格进行鉴定

E. 质量方面的争议应告知发包人另行申请质量鉴定

79. 根据《FIDIC 施工合同条件》的规定，承包商建议的变更主要包括（　　）。

A. 工程师征求承包商的建议

B. 承包商对"发包人要求"的合理化建议

C. 基于价值工程主动提出的建议

D. 删减工程的变更

E. 工程师指示的变更

80. 在编制竣工财务决算报表时，对于待核销基建支出的处理，下列表述中正确的是（　　）。

A. 待核销基建支出形成资产产权归属本单位的，作为转出投资处理

B. 待核销基建支出的核算方法主要考虑形成资产产权是否归属本单位

C. 待核销基建支出形成资产产权归属本单位的，计入交付使用资产价值

D. 待核销基建支出形成资产产权不归属本单位的，作为转出投资处理

E. 待核销基建支出形成资产产权不归属本单位的，计入交付使用资产价值

模拟题八

一、单项选择题（共 60 题，每题 1 分。每题的备选项中，只有一个最符合题意）

1. 已知某建设项目总投资中各项数据如下：设备、工器具购置费 2000 万元，建筑安装工程费 3000 万元，工程建设其他费 1000 万元，基本预备费率为 5%。项目计划建设期 3 年，建设期前期为 1 年，预计年涨价率 8%。流动资产 600 万元，流动负债 150 万元，则该项目的工程费用为（　　）万元。

    A. 5000
    B. 6000

    C. 6300
    D. 6750

2. 已知某进口设备装运港船上交货价为 500 万美元，国际运费按离岸价计算，运费率为 5%，海上运输保险费率为 3‰，银行财务费率为 5‰，外贸手续费率为 1.5%，关税税率为 20%，增值税率为 13%，银行外汇牌价为 1 美元=7.3 元人民币，则该设备应缴纳的关税为（　　）万元。

    A. 730.00
    B. 772.46

    C. 768.81
    D. 783.99

3. 下列各项费用中以到岸价作为计算基数的是（　　）。

    A. 增值税
    B. 关税

    C. 消费税
    D. 车辆购置税

4. 在规费的计算过程中，通常社会保险费和住房公积金的计算基础为（　　）。

    A. 定额人工费

    B. 定额人工费+定额施工机具使用费

    C. 定额直接费

    D. 根据工程所在地行业建设主管部门的规定执行

5. 在国外建筑安装工程费用中，通常以分摊进单价形式体现在承包商投标报价中的是（　　）。

    A. 开办费
    B. 税金

    C. 人工费
    D. 机械费

6. 已知某建设项目设备、工器具购置费为 5000 万元，建筑安装工程费为 3000 万元，土地使用权出让金 8000 万元，征地补偿费 2500 万元，建设单位管理费率为 3%，则该建设项目建设单位管理费为（　　）万元。

    A. 240
    B. 150

    C. 480
    D. 555

7. 下列各项费用中，应列入工程建设其他费用中的税金的是（　　）。

    A. 耕地占用税
    B. 增值税

C. 城市维护建设税 D. 教育费附加

8. 基本预备费是为工程实施中不可预见的工程变更及洽商、一般自然灾害处理、地下障碍物处理、超规超限设备运输等而可能增加的费用所预留，通常预留的阶段是（　　）。

A. 投资估算阶段

B. 投资估算或工程概算阶段

C. 投资估算、工程概算或工程预算阶段

D. 投资估算、工程概算、工程预算或发承包阶段

9. 某建设项目，建设期为 3 年，分年均衡进行贷款，第一年贷款 500 万元，第二年贷款 1000 万元，第三年贷款 300 万元，年利率为 10%，建设期内利息只计息不支付，则该项目第三年建设期利息为（　　）万元。

A. 177.75 B. 102.5

C. 25 D. 305.25

10. 下列关于定额计价与工程量清单计价风险分担方式不同的表述，正确的是（　　）。

A. 定额计价一般采用事先算细账、摆明账的方式

B. 工程量清单计价实现了计价风险按合同约定由发承包双方分担

C. 工程量清单计价常采用事后算总账的造价形成机制

D. 工程量清单计价容易引起双方的工程价款纠纷

11. 下列有关大数据技术对工程定额编制的影响，表述不正确的是（　　）。

A. 定额计价依据的统一化 B. 企业定额测算和管理的高效化

C. 工程定额编制和管理的动态化 D. 工程定额编制和管理的市场化

12. 在总价措施项目清单与计价表中，若承包人投标时均予以报价，则必须填写的项是（　　）。

A. 计算基础 B. 费率

C. 备注 D. 金额

13. 下列各项中由招标人提供金额，投标人报价时直接计入其他项目清单与计价汇总表的是（　　）。

A. 专业工程暂估价 B. 材料（工程设备）暂估价

C. 计日工 D. 总承包服务费

14. 下列关于工程量清单计价原理的表述，正确的是（　　）。

A. 工程量清单的项目设置规则应具有唯一性

B. 我国目前实施的建设工程工程量清单计价规范适合不同交易时点对工程量清单的实际需要

C. 模拟工程量清单计价模式是基于施工图设计相关成果文件完成的

D. 标准规范不同，工程量清单可以有不同的项目名称设置要求、项目特征描述方式、计量单位的选择和工程数量的计算规则

15. 确定人工定额消耗量过程中，拟定基本工作时间时，若各组成部分单位与最终产

品单位不一致时，则正确的计算方法是（　　）。

    A. 单位产品基本工作时间就是施工过程各个组成部分作业时间的总和

    B. 重新定义单位产品，应以每一组成部分作为最终产品编制定额

    C. 通过人工幅度差进行调整

    D. 各组成部分基本工作时间应分别乘以相应的换算系数

16. 已知 1 砖墙的砂浆损耗率为 5%，则每平方米砖墙砂浆的消耗量定额为（　　）。

    A. 0.226m³   B. 0.238m³

    C. 0.235m³   D. 0.237m³

17. 在施工机械工作时间消耗的分类中，下列各项属于机器停工时间的是（　　）。

    A. 机器在负荷下所做的多余工作的时间

    B. 未及时供给机器燃料而引起的停工时间

    C. 工人擅离岗位等原因引起的机器停工时间

    D. 工人装车的砂石数量不足引起的汽车在降低负荷的情况下工作所延续的时间

18. 已知某材料（适用 13% 增值税率）采用"两票制"支付方式，其含税原价为 1000 元/t，含税运杂费为 30 元/t，运输损耗率为 0.6%，采购及保管费率为 5%，则该材料的采购及保管费为（　　）元/t。

    A. 45.85   B. 51.81

    C. 47.53   D. 45.90

19. 下列各项属于人工日工资单价中奖金的是（　　）。

    A. 特殊地区施工奖金   B. 高空作业奖金

    C. 流动施工奖金   D. 劳动竞赛奖金

20. 在编制预算定额中的材料消耗量时，适合用于计算各种强度等级的混凝土等原材料数量的方法是（　　）。

    A. 换算法   B. 测定法

    C. 图示尺寸法   D. 标准规格计算法

21. 建筑生产受自然条件影响大，这体现了工程计价信息的（　　）特点。

    A. 多样性   B. 专业性

    C. 区域性   D. 季节性

22. 按照用途的不同，建设工程造价指标可以分为工程经济指标、工程量指标、工料价格与消耗量指标。其中按工程建筑面积、体积、长度、功能性单位或自然计量单位计算得出的全费用的单位指标、相关单位指标、造价占比等信息的指标是（　　）。

    A. 工程量指标   B. 工料价格指标

    C. 工程经济指标   D. 消耗量指标

23. 在决策阶段影响工程造价的主要因素中，工程方案选择的基础是（　　）。

    A. 建设规模、地区选择和技术方案

    B. 建设规模、技术方案和环境保护措施

    C. 建设规模、地区选择和设备方案

    D. 建设规模、技术方案和设备方案

24. 当采用比例估算法进行静态投资估算时，采用的比例应是（　　）。

A. 已建项目主要设备购置费占已建项目静态投资的比例

B. 已建项目主要设备购置投资占已建项目静态投资的比例

C. 拟建项目主要设备购置费占拟建项目静态投资的比例

D. 拟建项目主要设备购置投资占拟建项目静态投资的比例

25. 某地 2019 年拟建一年产 50 万 t 化工产品的项目。已知该地区 2014 年建设的年产 30 万 t 相同产品的已建项目的投资额为 3 亿元。若生产能力指数为 0.8，在此期间工程造价年均递增 6%，则该项目的静态投资额为（　　）亿元。

A. 5.699　　　　　　　　　　　　B. 6.404

C. 6.041　　　　　　　　　　　　D. 6.691

26. 在编制工艺非标准件、金属结构和管道安装费估算时，通常采用的工程量单位是（　　）。

A. 重量总量　　　　　　　　　　B. 设备原价

C. m^2　　　　　　　　　　　　D. 桥架重量

27. 在申请调整概算时，如调整幅度超过原批复概算 10% 的，概算核准部门原则上须先商请（　　）。

A. 发展改革委　　　　　　　　　B. 财政部门

C. 主管部门　　　　　　　　　　D. 审计机关

28. 当采用概算定额法编制设计概算的过程中，确定各分部分项工程费时使用的单价内容应包括（　　）。

A. 人工费、材料费、施工机具使用费、管理费和利润

B. 人工费、材料费、施工机具使用费、管理费、利润、规费和税金

C. 人工费、材料费、施工机具使用费、管理费、利润和风险费

D. 人工费、材料费和施工机具使用费

29. 当采用概算指标法编制建筑工程概算时，若拟建工程结构特征与概算指标有局部差异时需要调整，调整的方法包括（　　）。

A. 调整概算指标中的每平方米（或每立方米）单价或调整概算指标中的人、材、机数量

B. 调整概算指标中的每平方米（或每立方米）单价或调整概算指标中的计量单位

C. 调整概算指标中的计量单位或调整概算指标中的人、材、机数量

D. 调整概算指标中的每平方米（或每立方米）单价或调整概算指标中取费费率

30. 根据概算编制的市场化发展趋势，下列各项中属于"充分利用市场化造价数据"的是（　　）。

A. 根据设计深度的不同选择合理的概算编制方法

B. 利用不同分类、不同层级的工程造价指标

C. 充分利用数智化技术

D. 不按照统一定额进行编制

31. 在用工料单价法编制施工图预算时，其准备工作阶段与实物量法相比的不同点在

于需要收集（　　）。

  A. 预算定额或企业定额

  B. 取费标准

  C. 当时当地的人工、材料、施工机具市场价格

  D. 适用的单位估价表

32. 在实物量法编制施工图预算的程序中，下列各项中不属于"准备资料、熟悉施工图纸"工作内容的是（　　）。

  A. 收集施工图预算的编制依据   B. 熟悉施工图等基础资料

  C. 了解施工组织设计和施工现场情况 D. 列项并计算工程量

33. 按照《招标投标法实施条例》的规定，以下表述中正确的是（　　）。

  A. 招标人必须编制标底

  B. 一个招标项目可以针对潜在投标人的不同而制定不同的标底

  C. 招标人可以规定最低投标限价

  D. 招标人设有最高投标限价的，可以在招标文件中明确最高投标限价的计算方法

34. 在编制招标工程量清单的准备工作阶段，通常需要拟订常规施工组织设计，其中在拟订施工总方案时无须考虑的是（　　）。

  A. 重大问题的原则性规定   B. 关键工艺的原则性规定

  C. 施工机械设备的选择   D. 施工步骤

35. 当招标人仅要求对分包的专业工程进行总承包管理和协调，最高投标限价中的总承包服务费应按分包的专业工程估算造价的（　　）计算。

  A. 1.5%   B. 3%~5%

  C. 1%   D. 7%~9%

36. 下列有关招标工程量清单编制准备工作的表述，正确的是（　　）。

  A. 拟定常规施工组织设计的目的是便于工程量清单的编制及准确计算，特别是工程量清单中的分部分项工程

  B. 收集有关部门颁发的工程造价信息，为暂估价的确定提供依据

  C. 在编制常规施工组织设计时不包括施工平面布置

  D. 主要包括初步研究、现场踏勘、拟定常规施工组织设计三项工作内容

37. 在投标报价前期工作中，需要调查工程现场，下列各项中属于其他条件调查的是（　　）。

  A. 工程现场通信线路的连接和铺设 B. 当地煤气的供应能力

  C. 现场的三通一平情况   D. 商品混凝土的供应能力和价格

38. 当分部分项工程内容比较简单，由单一计价子目计价，且《建设工程工程量清单计价规范》中的工程量计算规则与企业定额中的工程量计算规则相同时，投标报价中的综合单价确定过程中必须完成的步骤是（　　）。

  A. 分析每一清单项目的工程内容

  B. 计算管理费、利润，并考虑相应的风险费用

  C. 分部分项工程人工、材料、施工机具使用费的计算

D. 计算工程内容的工程数量和清单单位含量

39. 进行措施项目报价时，措施项目内容的确定依据主要是（　　）。

A. 招标人提供的措施项目清单

B. 招标人提供的措施项目清单和常规施工组织设计

C. 招标人提供的措施项目清单及招标过程中的补充通知和答疑纪要

D. 招标人提供的措施项目清单和投标人投标时拟定的施工组织设计

40. 下列有关评标办法的表述，正确的是（　　）。

A. 综合评估法和经评审的最低投标价法在初步评审阶段的内容和标准是一致的

B. 经评审的最低投标价法主要适用于技术、性能缺乏统一标准的招标项目

C. 招标人应优先选择经评审的最低投标价法

D. 不宜采用综合评估法的招标项目，一般应当采用经评审的最低投标价法

41. 对于报价有算术错误的修正，应由（　　）按照有关原则对投标报价进行修正。

A. 招标人　　　　　　　　　　　B. 评标委员会

C. 投标人　　　　　　　　　　　D. 清标小组

42. 在工程总承包评标时，以下各项属于经评审的最低投标价法下初步评审标准而不属于综合评估法下初步评审标准的是（　　）。

A. 承包人建议书评审标准　　　　B. 形式评审标准

C. 资格评审标准　　　　　　　　D. 响应性评审标准

43. 编制和递交工程总承包投标文件时，投标有效期通常为（　　）天。

A. 45　　　　　　　　　　　　　B. 60

C. 90　　　　　　　　　　　　　D. 120

44. 根据世界银行国际竞争性招标的程序，可以在确定中标人后进行谈判的是（　　）。

A. 合同价格

B. 技术性或商务性问题

C. 合同双方权利和义务

D. 要求投标人承担额外的任务

45. 承包人若希望获得由于工程变更引起的措施项目费调整，应事先（　　）。

A. 将拟采用的报价浮动率报送发包人确认

B. 将拟变更的设计图纸报送发包人确认

C. 将拟实施的方案提交给发包人确认

D. 将拟变更的工程量报送发包人确认

46. 如果发包人提出的工程变更，因非承包人原因删减了合同中的某项原定工作或工程，致使承包人发生的费用或（和）得到的收益不能被包括在其他已支付或应支付的项目中，也未被包含在任何替代的工作或工程中，则承包人有权提出的补偿要求是（　　）。

A. 工期和费用　　　　　　　　　B. 工期、费用和利润

C. 费用　　　　　　　　　　　　D. 费用和利润

47. 某土建工程，按照合同约定的清单子目价款，竣工结算款为 200 万元，合同原始投标截止日期为 2022 年 3 月 15 日，工程于 2023 年 2 月建成交付使用，竣工结算支付证书的签发日期为 3 月 20 日，约定竣工结算支付证书签发后 28 天为付款周期。同时竣工时双方确认了调价后的变更金额为 15 万元。根据下表中所列工程人工费、材料费构成比例以及有关价格指数，则需调整的价格差额是（   ）万元。

真题讲解
（47 题）

工程人工费、材料费构成比例及有关价格指数

项目	人工费	钢材	水泥	集料	砂	不调值费用
比例	45%	11%	11%	5%	3%	25%
2022 年 2 月指数	100	100.8	102.0	93.6	95.4	—
2022 年 3 月指数	105.2	101.9	103.0	95.8	94.6	—
2023 年 2 月指数	110.1	98.0	112.9	95.9	91.1	—
2023 年 3 月指数	115.2	99.5	110.4	98.6	95.4	—

A. 11.62

B. 16.92

C. 10.81

D. 15.74

48. 某建设项目业主与甲施工单位签订了施工合同，合同中保函手续费为 40 万元，合同工期为 500 天。合同履行过程中，设计单位迟延提供图纸 50 天，因施工中遇到不利物质条件停工 20 天，因异常恶劣的气候条件停工 15 天，因季节性大雨停工 5 天，上述事件均未发生在同一时间，则甲施工单位可索赔的保函手续费为（   ）万元。

A. 7.2

B. 6.8

C. 8

D. 5.6

49. 当现场签证的工作没有相应的计日工单价时，应当在现场签证报告中列明的内容是（   ）。

A. 完成该签证工作所需的人工、材料、工程设备和施工机具台班的数量

B. 完成该签证工作所需的人工、材料、工程设备和施工机具台班的数量及应支付的总价

C. 完成该签证工作所需的人工、材料、工程设备和施工机具台班的数量及其单价

D. 完成该签证工作所需的人工、材料、工程设备和施工机具台班的数量、单价及应支付的总价

50. 某施工合同中的工程内容由主体工程与附属工程两部分组成，两部分工程的合同额分别为 1000 万元和 200 万元。合同中对误期赔偿费的约定是：每延误一个日历天应赔偿 2 万元，且总赔偿费不超过合同总价款的 5%，该主体工程按期通过竣工验收，附属工程延误 60 日历天后通过竣工验收，则该工程的误期赔偿费为（   ）万元。

A. 2

B. 20

C. 50

D. 120

51. 除按照工程变更规定引起的工程量增减外，采用经审定批准的施工图纸及其预算方式发包形成的总价合同，承包人用于结算的最终工程量应该是（   ）。

A. 按照现行国家计量规范规定的工程量计算规则计算得到的工程量

B. 承包人完成合同工程应予计量的工程量

C. 招标工程量清单中列示的工程量

D. 总价合同各项目的工程量

52. 已知年度承包工程合同总额为 500 万元，其中材料比例为 60%，当地材料供应的在途天数为 10 天，加工天数为 15 天，整理天数为 5 天，供应间隔天数为 10 天，保险天数为 5 天。则起扣点为（　　）万元。

　　A. 257　　　　　　　　　　　　　B. 300

　　C. 438　　　　　　　　　　　　　D. 62

53. 根据施工过程结算的要求，经过程结算确认支付的金额应不超过（　　）。

　　A. 已完工部分对应的批复概（预）算

　　B. 已批复项目总的概（预）算

　　C. 已完工部分对应的批复概（预）算的 80%

　　D. 已批复项目总的概（预）算的 80%

真题讲解

54. 关于质量保证金的预留方式和比例，下列表述中正确的是（　　）。　　（54 题）

　　A. 质量保证金只能采用预留工程款的方式，比例不得高于工程价款结算总额的 3%

　　B. 承包人可以采用银行保函预留质量保证金，但不能采用工程质量保证担保方式

　　C. 质量保证金在竣工结算时应返还给承包人

　　D. 在工程项目竣工前，已经缴纳履约保证金的，发包人不得同时预留工程质量保证金

55. 根据《最高人民法院关于审理建设工程施工合同纠纷案件适用法律问题的解释（一）》（法释〔2020〕25 号），若当事人就同一建设工程订立的数份建设工程施工合同均无效，以下表述中正确的是（　　）。

　　A. 一方当事人请求参照最后签订的合同结算建设工程价款的，人民法院应予支持

　　B. 一方当事人请求参照最早签订的合同结算建设工程价款的，人民法院应予支持

　　C. 一方当事人请求参照招标文件、投标文件、中标通知书结算建设工程价款的，人民法院应予支持

　　D. 一方当事人请求参照实际履行的合同结算建设工程价款的，人民法院应予支持

56. 对于鉴定人及其辅助人员的配备，应达到的要求是（　　）。

　　A. 鉴定人和辅助人员必须具有相应专业的注册造价工程师执业资格

　　B. 鉴定机构可成立由 1 名鉴定人和若干辅助人员组成的鉴定项目组

　　C. 鉴定项目组的成员必须具有相应专业的注册造价工程师执业资格

　　D. 鉴定人必须具有相应专业的注册造价工程师执业资格

57. 根据《建设项目工程总承包合同（示范文本）》GF-2020-0216 的规定，下列关于进度款审核和支付的表述，说法正确的是（　　）。

　　A. 工程师应在收到承包人进度付款申请单以及相关资料完成审查后签发进度款支付证书

　　B. 发包人签发进度款支付证书，表明发包人已同意、批准或接受了承包人完成的相应部分的工作

　　C. 发包人逾期未完成审批且未提出异议的，视为已签发进度款支付证书

　　D. 已签发的进度款支付证书承包人不可以再提出修正申请

58. 根据《FIDIC 施工合同条件》的规定，如果业主未能在合同约定的时间内向承包商支付相关款项，承包商有权获得融资费用，最常用的融资费用计算方式是（　　）。

A. 按照工程所在地的银行对优质借款人的短期借款平均利率的平均值计算

B. 按照工程所在地的银行对优质借款人的短期借款平均利率的平均值加 3% 计算

C. 按照支付币种所在地的银行对优质借款人的短期借款平均利率的平均值加 3% 计算

D. 按照支付币种所在地的银行对优质借款人的短期借款平均利率的平均值计算

59. 竣工财务决算说明书主要反映竣工工程建设成果和经验，是对竣工财务决算报表进行分析和补充说明的文件，下列内容中不包括在竣工财务决算说明书中的是（　　）。

A. 项目概（预）算执行情况及分析　　　　B. 尾工工程情况

C. 工程竣工造价对比分析　　　　　　　　D. 预备费动用情况

60. 在计算新增固定资产价值时，以下各项中应计入新增流动资产价值的是（　　）。

A. 生产准备费　　　　　　　　　　　　　B. 短期投资

C. 专利技术　　　　　　　　　　　　　　D. 商标权

二、多项选择题（共 24 题，每题 2 分。每题的备选项中，有 2 个或 2 个以上符合题意，至少有 1 个错项。错选，本题不得分；少选，所选的每个选项得 0.5 分）

61. 在计算国产非标准设备原价时，废品损失费的计算基数通常包括（　　）。

A. 材料费　　　　　　　　　　　　　　　B. 加工费

C. 外购配套件费　　　　　　　　　　　　D. 专用工具费

E. 包装费

62. 有关建筑安装工程费中增值税税务筹划的内容，下列表述中正确的是（　　）。

A. 在甲供方式下，承包人选择简易计税后，不仅可能影响发包人的实际税负，还可能造成建设项目整体税负的提升

B. 承包人可以采用多囤积物资的方式增加可抵扣的进项税额，从而降低税负

C. 从建设项目交易的视角来看，纳税方案的成立需要得到交易双方的共同认可

D. 承包人的实际税负即为建筑安装工程费中计算的增值税

E. 在建设项目招标投标过程中，通过事先拟定的合同条款要求选择特定的计税方法

63. 下列关于土地出让金的表述，正确的是（　　）。

A. 转让土地如有增值，要向受让者征收土地增值税

B. 在有偿出让和转让土地时，政府对地价不作统一规定

C. 有偿出让和转让所有权，要向土地受让者征收契税

D. 土地出让金的参考基准地价由省、自治区、直辖市人民政府公布

E. 申请土地使用权续期，应依照规定再次支付土地使用权出让金

64. 在工程量清单的编制过程中，会直接影响其他项目清单的具体内容的是（　　）。

A. 工程的复杂程度　　　　　　　　　　　B. 工程的组成内容

C. 发包人的资金保障程度　　　　　　　　D. 发包人对工程管理的要求

E. 拟采用的合同条款

65. 编制分部分项工程和单价措施项目清单与计价表时，计量单位应保留两位小数的

是（　　）。

A. t
B. m³

C. m²
D. kg

E. 樘

66. 下列各项中，属于施工过程影响因素中技术因素的是（　　）。

A. 工人技术水平
B. 构配件的类别

C. 施工组织与施工方法
D. 所用机械设备的类别

E. 构配件的规格型号

67. 以下各项中，属于机械台班单价维护费的是（　　）。

A. 保障机械正常运转所需替换与随机配备工具附具的摊销和维护费

B. 机械运转及日常保养所需润滑材料的费用

C. 恢复机械正常功能所需的费用

D. 机械停滞期间的维护和保养费用

E. 机械日常保养所需的擦拭材料费用

68. 概算定额与预算定额相比，相同之处主要在于（　　）。

A. 项目划分
B. 表达的主要内容

C. 表达的主要方式
D. 综合扩大程度

E. 基本使用方法

69. 工程造价指数的类别主要包括（　　）。

A. 工料机市场价格指数
B. 单位工程造价指数

C. 单项工程造价指数
D. 地区工程造价综合指数

E. 建设工程造价综合指数

70. 关于流动资金的估算，下列表述正确的是（　　）。

A. 对于存货中的外购原材料和燃料，要分品种和来源，根据运输方式和运输距离，以及占用流动资金的比重大小等因素考虑其最低周转天数

B. 流动资金属于短期性流动资产，流动资金的筹措可以通过短期负债和资本金的方式解决

C. 用扩大指标估算法计算流动资金，应能够在经营成本估算之后进行

D. 在不同生产负荷下的流动资金，可以直接按照100%生产负荷下的流动资金乘以生产负荷百分比求得

E. 扩大指标估算法简便易行，但准确度不高，适用于项目建议书阶段的估算

71. 关于设计概算的编制和调整，下列表述正确的是（　　）。

A. 设计概算的内容包括静态投资和动态投资两个部分

B. 设计概算超过投资估算10%的，项目单位应当向投资主管部门或其他有关部门报告

C. 政府投资项目建设投资原则上不得超过投资概算

D. 概算调增幅度超过批复概算5%的，概算核定部门应先商请审计机关进行审计

E. 一个工程只允许调整一次概算

72. 关于最高投标限价的市场化发展趋势，下列表述正确的是（   ）。

A. 统一定额已经不是编制最高投标限价的法定依据

B. 措施费应以费率形式计取

C. 人材机价格根据地方发布的人工定额价、材料信息价和机械台班价取定

D. 在编制方法和编制依据两个方面进行改革

E. 以指标和指数体系作为最高投标限价的编制、复核和合同价款调整的参考

73. 下列关于确定分部分项工程和单价措施项目综合单价时的注意事项，表述正确的是（   ）。

A. 当出现招标工程量清单特征描述与设计图纸不符时，投标人应以工程量清单为准确定投标报价的综合单价

B. 对政府定价或政府指导价管理的原材料等价格进行的调整，发承包双方应在合同中约定合理的分摊范围和幅度

C. 发承包双方应当在招标文件或合同中对市场价格波动导致的风险约定分摊的范围和幅度

D. 承包人管理费和利润的风险，发承包双方应在合同中约定合理的分摊范围和幅度

E. 暂估价材料应在投标报价中以其他项目的方式单独列出

74. 有关公示中标候选人的规定，表述正确的是（   ）。

A. 采用公开招标的项目，其中标候选人应进行公示

B. 投标人或其他利害关系人对评标结果有异议的，可直接向行政监督部门提出投诉

C. 招标人在确定中标人之前，应当将中标候选人在交易场所和指定媒体上公示

D. 招标人应当自收到评标报告之日起3日内公示中标候选人，公示期不得少于3日

E. 对有业绩信誉条件要求的项目，在投标报名或开标时提供的资格条件或业绩信誉情况，应一并进行公示

75. 在下列各项中，可能包括在材料费索赔额中的是（   ）。

A. 由于索赔事件的发生，造成材料实际用量超过计划用量而增加的材料费

B. 材料价格上涨导致增加的材料费

C. 施工机械进出场时使用的轨道、枕木的费用

D. 由于发包人原因导致工程延期期间材料超期存储费用

E. 承包商管理不善造成的材料损坏失效

76. 发包人应当依据相关工程的工期定额合理计算工期，压缩的工期天数不得超过定额工期的20%，超过的，应在招标文件中明示增加赶工费用。赶工费用的主要内容包括（   ）。

A. 管理费的增加 　　　　　　　B. 人工费的增加

C. 材料费的增加 　　　　　　　D. 机械费的增加

E. 规费的增加

77. 采用造价信息调整价格差额，主要适用于以下哪类工程项目（   ）。

A. 公路工程 　　　　　　　　　B. 房屋建筑工程

C. 水坝工程 　　　　　　　　　D. 装饰工程

E. 铁路工程

78. 根据《最高人民法院关于审理建设工程施工合同纠纷案件适用法律问题的解释（一）》（法释〔2020〕25 号），施工合同无效的情况包括（　　）。

A. 承包人非法转包行为

B. 建设工程经竣工验收不合格

C. 承包人违法分包行为

D. 没有资质的实际施工人借用有资质的建筑施工企业名义与他人签订合同的行为

E. 发包人要求承包人垫资施工

79. "发包人应在签发证书后 14 天内完成支付，发包人逾期支付的，按照 LPR 支付利息，逾期支付超过 56 天的，按照 LPR 的两倍支付利息"，根据《建设项目工程总承包合同（示范文本）》GF-2020-0216 通用合同条件，上述条款适用于（　　）。

A. 预付款　　　　　　　　　　　B. 进度付款

C. 竣工结算　　　　　　　　　　D. 质量保证金

E. 最终结清

80. 下列竣工决算的审核内容，属于项目资金管理情况审核的是（　　）。

A. 项目资金筹集情况　　　　　　B. 工程价款结算审核

C. 项目资金到位情况　　　　　　D. 转出投资有无依据

E. 项目资金使用情况

真题讲解
（79 题）

模拟题九

一、单项选择题（共 **60** 题，每题 **1** 分。每题的备选项中，只有一个最符合题意）

1. 在建设项目总投资中，生产经营性建设项目为保证投产后正常的生产运营所需，在项目资本金中筹措的自有流动资金是（　　）。

A. 流动资产投资　　　　　　　　　B. 铺底流动资金

C. 流动资产　　　　　　　　　　　D. 流动资金

2. 在下列各项中，与抵岸价含义相同的是（　　）。

A. 进口设备原价　　　　　　　　　B. 关税完税价格

C. 装运港船上交货价　　　　　　　D. CIF

3. 在计算国产非标准设备原价时，以下各项中属于增值税的计税依据的是（　　）。

A. 销项税额　　　　　　　　　　　B. 进项税额

C. 利润　　　　　　　　　　　　　D. 非标准设备设计费

4. 当采用一般计税方法时，检验试验费中增值税进项税额的扣减税率为（　　）。

A. 13%　　　　　　　　　　　　　B. 9%

C. 3%　　　　　　　　　　　　　　D. 6%

5. 在承包人的税务筹划中，可增加可抵扣增值税进项税额的可行方法是（　　）。

A. 采用劳务分包方式　　　　　　　B. 增加物资采购总额

C. 施工机具采用经营租赁方式　　　D. 增加预收工程款的数额

6. 下列关于专利及专有技术使用费的表述，正确的是（　　）。

A. 专有技术的鉴定应以市级鉴定批准为依据

B. 协议或合同规定在生产期支付的商标权或特许经营权费应在生产成本中核算

C. 项目投资中应计列建设期和生产期支付的专利及专有技术使用费

D. 专利及专有技术使用费中不包括软件费

真题讲解
（6题）

7. 关于生产准备费的计算，下列公式中正确的是（　　）。

A. 生产准备费=设计定员×生产准备费指标（元/人）

B. 生产准备费=工程费用×生产准备费率

C. 生产准备费=（工程费用+工程建设其他费用)×生产准备费率

D. 生产准备费=（设备工器具购置费+建筑安装工程费)×生产准备费率

8. 以下各项中，包含在价差预备费中的是（　　）。

A. 技术设计、施工图设计及施工过程中所增加的工程费用

B. 一般自然灾害造成的损失

C. 工程建设其他费用调整

D. 不可预见的地下障碍物处理的费用

9. 某新建项目，建设期为 3 年，每年期初贷款，第一年贷款 300 万元，第二年贷款 600 万元，第三年贷款 400 万元，年利率12%，建设期内利息当年支付，则建设期利息为（　　）万元。

A. 18 　　　　　　　　　　　　　B. 300

C. 235.22 　　　　　　　　　　　D. 74.16

10. 下列各项中，属于工程造价管理体系但不属于工程造价计价依据体系的是（　　）。

A. 工程计价信息体系 　　　　　　B. 工程计价定额体系

C. 工程造价管理标准体系 　　　　D. 工程造价管理相关法律法规体系

11. 定额计价与工程量清单计价存在不同的计价目的，下列表述正确的是（　　）。

A. 工程量清单计价更注重在建设项目前期合理设定投资控制目标

B. 工程量清单计价强调计价依据的个性化

C. 定额计价体现出以施工组织设计为基础的价格竞争

D. 定额计价更注重在建设项目交易阶段进行合理定价

12. 编制总价措施项目清单与计价表时，投标报价必须填列的项是（　　）。

A. 金额 　　　　　　　　　　　　B. 费率

C. 计算基础 　　　　　　　　　　D. 备注

13. 计日工通常适用于在现场发生的（　　）计价。

A. 变更工作 　　　　　　　　　　B. 零星工作

C. 新增工作 　　　　　　　　　　D. 额外工作

14. 以下内容在专业工程暂估价和材料、设备暂估价中都不包括的是（　　）。

A. 人工费 　　　　　　　　　　　B. 规费

C. 企业管理费 　　　　　　　　　D. 材料费

15. 下列各项中属于实验室试验法主要缺点的是（　　）。

A. 无法估计到施工现场某些因素对材料消耗量的影响

B. 不能确定必须消耗的材料和损失量

C. 准确程度受到统计资料和实际使用材料的影响

D. 不能测定容易产生损耗的材料

16. 挖土方采用斗容量 300L 的挖掘机，每一次循环中，挖土、回转、卸土、返回、等待需要的时间分别为 30s、15s、10s、5s、5s，各组成部分有 5s 的交叠时间，机械时间利用系数为 0.85，则该挖掘机台班时间定额为（　　）台班/m³。

A. 122.4 　　　　　　　　　　　B. 113.0

C. 0.009 　　　　　　　　　　　D. 0.008

17. 确定施工机械台班定额消耗量时，需要确定机械 1h 纯工作正常生产率，所谓纯工作时间是指（　　）。

A. 机械必须消耗的时间 　　　　　B. 机械有效工作时间

C. 机械正常负荷下的工作时间 　　D. 机械工作时间

18. 对于不需安拆的施工机械，并且不需相关机械辅助运输的自行移动机械，其安拆费及场外运费的计算方式为（　　）。

A. 不计算　　　　　　　　　　B. 计入台班单价

C. 单独计算　　　　　　　　　D. 计入措施费

19. 已知某施工机械需要 2 人共同操作，年制度工作日为 250 工日，年工作台班为 230 台班，该级别人工日工资单价为 220 元，则施工机械台班人工费为（　　）元。

A. 239.13　　　　　　　　　　B. 220.00

C. 440.00　　　　　　　　　　D. 478.26

20. 建设项目综合投资估算指标的主要表现形式是（　　）。

A. 单项工程生产能力单位投资表示

B. 项目的综合工程量指标表示

C. 单项工程综合工程量指标表示

D. 项目的综合生产能力单位投资表示

21. 在人工价格信息中，以建筑工程的不同划分标准为对象，反映的人工价格信息是（　　）。

A. 建筑工程实物工程量人工价格信息　　B. 建筑工种人工成本信息

C. 建筑工程实物工程量人工成本信息　　D. 建筑工种人工价格信息

22. 按照工程造价指标层级的不同，建设工程造价指标可分为（　　）。

A. 建设项目总投资指标、单项工程投资指标和单位工程投资指标

B. 建设项目总投资指标和建设项目投资明细指标

C. 建设项目总投资指标和单项工程投资指标

D. 建设项目总投资指标、单项工程投资指标、单位工程投资指标和分部分项工程投资指标

23. 决策阶段进行技术方案选择时，工艺流程方案选择的具体内容包括（　　）。

A. 研究是否符合节能和清洁的要求　　B. 研究技术来源的可得性

C. 研究是否与采用的原材料相适应　　D. 研究选择主要工艺参数

24. 某地 2023 年拟建一年产 10 万 t 清洁氢能源的制氢项目，设备购置费估算为 2.5 亿元。该地区 2020 年已建 5 万 t 相同产品项目的设备购置费为 1.8 亿元、建安工程费为 1.5 亿元。该地区 2020 年至 2023 年设备购置费、建安工程费年均分别递增 4%、5%。若生产能力指数为 0.8，则该拟建项目的工程费用估算为（　　）亿元。

A. 7.92　　　　　　　　　　　B. 5.52

C. 4.92　　　　　　　　　　　D. 6.55

25. 在可行性研究阶段采用指标估算法进行建筑工程费用估算时，适合用于桥梁工程的单位是（　　）。

A. km　　　　　　　　　　　　B. $100m^2$ 桥面

C. m　　　　　　　　　　　　　D. $100m^2$ 断面

26. 下列关于工艺设备安装费估算方法，表述正确的是（　　）。

A. 根据单位工程设备总重，采用以"t"为单位的综合单价指标进行估算

B. 根据单项工程设备总重，采用以"t"为单位的综合单价指标进行估算

C. 根据单项工程设备总重，采用以"kg"为单位的综合单价指标进行估算

D. 根据单位工程设备总重，采用以"kg"为单位的综合单价指标进行估算

27. 下列各项单位工程概算，适合用预算单价法编制的是（　　）。

A. 电气设备安装工程概算　　　　　　B. 给水排水工程概算

C. 弱电工程概算　　　　　　　　　　D. 电气、照明工程概算

28. 在下列各种情形下，适合用类似工程预算法编制建筑工程概算的是（　　）。

A. 拟建工程扩大初步设计与已完工程或在建工程的设计相类似而又没有可用的概算指标时

B. 拟建工程扩大初步设计与已完工程或在建工程的设计相类似而又有可用的概算指标时

C. 拟建工程初步设计与已完工程或在建工程的设计相类似而又没有可用的概算指标时

D. 拟建工程初步设计与已完工程或在建工程的设计相类似而又有可用的概算指标时

29. 若直接套用概算指标编制概算，拟建工程应满足的条件是（　　）。

A. 拟建工程建设地点与概算指标中的建设地点基本相同

B. 拟建工程的建筑面积与概算指标中的建筑面积基本相同

C. 拟建工程的结构特征与概算指标中的结构特征基本相同

D. 拟建工程的建设时间与概算指标中的建设时间基本相同

30. 已知某进口设备，原价为100万美元（汇率为1：6.5），同类设备安装费率为5%。该设备重量30t，每吨设备安装费指标为1.2万元，则该进口设备的安装费为（　　）万元。

A. 36　　　　　　　　　　　　　　　B. 32.5

C. 34.3　　　　　　　　　　　　　　D. 34.5

真题讲解
（30题）

31. 采用工料单价法编制施工图预算，"编制工料分析表"步骤最终得到的结果是（　　）。

A. 分部分项工程人工、材料、机具的消耗数量

B. 分部分项工程人工、材料的消耗数量

C. 单位工程人工、材料、机具的消耗数量

D. 单位工程人工、材料的消耗数量

32. 与实物量法相比，工料单价法在工作步骤和工作内容上完全相同的是（　　）。

A. 准备工作　　　　　　　　　　　　B. 列项并计算工程量

C. 套用定额单价，计算直接费　　　　D. 编制工料分析表

33. 关于招标文件的编制、澄清和修改，下列表述中正确的是（　　）。

A. 投标准备时间自招标文件发售完毕之日起计算，最短不得少于20天

B. 应编制最高投标限价的项目，最高投标限价应在开标时一并公布

C. 招标文件的澄清应在投标截止时间15天前以书面形式发给提出疑问的投标人

D. 投标人前附表不得与投标人须知正文内容相抵触

34. 关于招标工程量清单的编制，下列表述中正确的是（　　）。

A. 若采用施工图纸能够全部满足项目特征描述的要求，仍应用文字描述

B. 分部分项工程项目名称应按工程量计算规范附录的项目名称结合拟建工程实际确定

C. 措施项目清单的编制通常不需要考虑气象条件的影响

D. 当不具备条件时，可无须编制计日工表

35. 编制最高投标限价时，综合单价中应包括招标人要求（　　）承担的风险内容及其范围（幅度）产生的风险费用。

A. 招标人
B. 招标人和投标人合理分配
C. 承包人
D. 投标人

36. 当编制招标工程量清单的分部分项工程项目清单时，若附录中有两个或两个以上计量单位时，处理方法是（　　）。

A. 根据附录中的规定选择其中一个确定

B. 根据清单中的项目特征描述选择其中一个确定

C. 根据工程量计算规则选择其中一个确定

D. 结合拟建工程项目的实际选择其中一个确定

37. 在施工投标前期工作中，需要研究招标文件，其中属于合同分析内容的是（　　）。

A. 资金来源
B. 投标保证金
C. 计价方式
D. 评标方法

38. 投标有效期的期限根据项目特点确定，一般项目投标有效期为（　　）天。

A. 30～45
B. 45～60
C. 60～90
D. 90～120

39. 投标保证金不予返还的情形包括（　　）。

A. 投标人在规定的投标有效期内撤回投标文件

B. 招标人通知延长投标有效期但投标人拒绝延长

C. 投标人在规定的投标有效期内修改投标文件

D. 投标人的投标文件未经投标单位盖章和单位负责人签字

40. 有关对投标文件的澄清和说明，以下表述中正确的是（　　）。

A. 为有利于投标文件的澄清和说明，评标委员会可向投标人明确投标文件中的遗漏和错误

B. 澄清和说明不得超出投标文件的范围或者改变投标文件的实质性内容

C. 投标人发现遗漏和错误，主动提出的澄清和说明评标委员会可以接受

D. 允许投标人修正或撤销其不符合实质性要求的差异，使之成为具有响应性的投标

41. 关于"评定分离"方法的推行，下列表述中正确的是（　　）。

A. 定标委员会可以改变评标委员会的评标结果

B. 实施"评定分离"时，评标委员会应推荐经排序的中标候选人

C. 定标方法既可以选择最低投标价中标，也可以选择第三低投标价中标

D. 定标委员会的名单、定标地点、定标方法和标准等内容应当在招标文件中明确

42. 当采用经评审的最低投标价法进行工程总承包评标时，考虑的量化因素主要是（　　）。

A. 单价遗漏
B. 同时投多标段的评标修正
C. 付款条件
D. 工期提前的评标修正

43. 在工程总承包招标文件编制过程中，项目清单根据不同的发承包阶段通常分为（　　）。

A. 方案设计后清单、初步设计后清单、施工图设计后清单
B. 可行性研究后清单、初步设计后清单、施工图设计后清单
C. 可行性研究后清单、方案设计后清单、施工图设计后清单
D. 可行性研究后清单、方案设计后清单、初步设计后清单

44. 在国际工程投标报价中，下列属于其他费用的是（　　）。

A. 税金
B. 贷款利息
C. 风险费
D. 开办费

45. 在变更引起分部分项工程项目发生变化，组价时对报价浮动率描述正确的是（　　）。

A. 已标价工程量清单中没有适用但有类似于变更工程项目的，承包人根据变更工程资料、计量规则、计价办法和信息价组价时，应考虑报价浮动率
B. 已标价工程量清单中没有适用但有类似于变更工程项目的，承包人根据变更工程资料、计量规则、计价办法和市场价格组价时，应考虑报价浮动率
C. 已标价工程量清单中没有适用也没有类似于变更工程项目的，承包人根据变更工程资料、计量规则、计价办法和市场价格组价时，应考虑报价浮动率
D. 已标价工程量清单中没有适用也没有类似于变更工程项目的，承包人根据变更工程资料、计量规则、计价办法和信息价组价时，应考虑报价浮动率

46. 在建设项目施工过程中，若出现招标工程量清单中措施项目缺失，则正确的处理方式是（　　）。

A. 由于承包人未能在投标时对措施项目清单进行合理增补，责任由承包人承担
B. 按照工程变更事件中关于分部分项工程费的调整方法，调整合同价款
C. 视为招标工程量清单不完整，责任由发包人和承包人共同承担
D. 承包人应将新增措施项目实施方案提交发包人批准后，按工程变更的原则调整合同价款

47. 当采用价格指数法调整价格差额时，基本价格指数通常是指（　　）。

A. 承包人申请签发进度付款、竣工付款和最终结清等约定的付款证书的时间
B. 进度付款、竣工付款和最终结清等约定的付款证书的签发时间
C. 实行招标的工程，应为施工合同签订前第28天的各可调因子的价格指数
D. 基准日的各可调因子的价格指数

48. 对于给定暂估价的专业工程，属于依法必须招标范围。当承包人参加专业工程投标时，下列表述中正确的是（　　）。

A. 应由承包人作为招标人

B. 组织招标有关的费用由发包人另行支付

C. 组织招标有关的费用由承包人承担

D. 同等条件下，应优先选择承包人中标

49. 施工合同中约定，承包人承担±10%的钢筋价格风险，超出部分按照造价信息法调整价格差额。已知投标人投标价格、基准期发布价格分别为 5500 元/t、4800 元/t，2023 年 9 月的造价信息发布价格为 4000 元/t。则该月钢筋的实际结算价格为（　　）元。

A. 4240　　　　　　　　　　　　　B. 4480

C. 5180　　　　　　　　　　　　　D. 4940

50. 下列关于索赔事件中利润索赔计算的表述，正确的是（　　）。

A. 赔索利润的计算通常是在原报价单中的利润百分率基础上适当上浮

B. 发包人原因暂停施工导致的工期延误，不能获得利润索赔

C. 由于工程量清单中单价是综合单价，已经包含了利润，在索赔计算中不应重复计算

D. 已经在法律法规事件中予以调价的索赔事件，其利润依然应单独计算

51. 预付款担保是指承包人与发包人签订合同后领取预付款前，承包人正确、合理使用发包人支付的预付款而提供的担保，主要形式是（　　）。

A. 履约担保书　　　　　　　　　　B. 银行保函

C. 现金　　　　　　　　　　　　　D. 保兑支票

52. 根据施工过程结算的要求，经过程结算确认支付的金额应不低于（　　）。

A. 已完工部分对应的批复概算的 80%

B. 已完工部分对应的批复预算的 80%

C. 已完成工程价款的 80%

D. 已批复项目总的概（预）算的 80%

53. 工程造价咨询机构应在规定期限内对竣工结算核对完毕，不一致的应提交给承包人复核，工程造价咨询机构收到承包人提出的异议后，应再次复核，复核后仍有异议的，应（　　）。

A. 继续复核，直至双方达成一致为止

B. 有异议的部分以监理或造价工程师裁定的结果为准

C. 委托另一家工程造价咨询机构继续核对

D. 对于无异议部分办理不完全竣工结算

54. 由于不可抗力解除合同的，下列各项中不属于承包人可以申请获得支付金额的是（　　）。

A. 由于工作内容被删减导致的管理费用和利润损失

B. 合同解除之日前已完成工程但尚未支付的合同价款

C. 为工程订购且已交付的材料和工程设备货款

D. 为完成合同工程而预期开支的任何合理费用

55. 按照《最高人民法院关于审理建设工程施工合同纠纷案件适用法律问题的解释

（一）》（法释〔2020〕25号）的规定，对于建设工程未登记的，下列诉讼管辖权的表述正确的是（　　）。

A. 发包人所在地
B. 承包人所在地
C. 建设工程实际所在地
D. 发承包人共同商定的地点

56. 在鉴定过程中，对鉴定项目当事人相互协商一致，达成的书面妥协性意见应纳入（　　）。

A. 确定性意见
B. 部分确定性意见
C. 推断性意见
D. 选择性意见

57. 根据《建设项目工程总承包合同（示范文本）》GF-2020-0216通用合同条件，发包人指示的变更造成下列何种影响的，承包人应向工程师发出通知（　　）。

A. 改变了合同价款的
B. 造成工期延误的
C. 改变了发包人要求的
D. 提升了工程质量标准的

58. 根据《FIDIC施工合同条件》的规定，进行变更估价时，若工程量清单或其他报表中没有明确规定，也没有类似工作，且没有可供参考的相关费率或价格，则新的费率或价格应依据实施该项工作的合理费用，利润率当专用条款没有约定时，通常按照（　　）取定。

A. 2%
B. 3%
C. 5%
D. 10%

59. 下列各项中，竣工决算的批复由主管部门负责的是（　　）。

A. 主管部门本级投资额在3000万元（含3000万元）以下的项目决算
B. 主管部门本级投资额在3000万元（不含3000万元）以下的项目决算
C. 主管部门本级投资额在5000万元（含5000万元）以下的项目决算
D. 主管部门本级投资额在5000万元（不含5000万元）以下的项目决算

60. 在各类无形资产中，以自创或者外购方式取得且均应计入无形资产价值的是（　　）。

A. 土地使用权
B. 商标权
C. 非专利技术
D. 专利权

二、多项选择题（共20题，每题2分。每题的备选项中，有2个或2个以上符合题意，至少有1个错项。错选，本题不得分；少选，所选的每个选项得0.5分）

61. 在下列各项中，构成进口设备消费税计税基数的是（　　）。

A. 到岸价
B. 外贸手续费
C. 关税
D. 消费税
E. 增值税

62. 根据《房屋建筑与装饰工程工程量计算规范》GB 50854，对应予计量的措施项目进行计算，以下表述中正确的是（　　）。

A. 混凝土模板及支架费通常是按照模板面积以"m^2"计算
B. 脚手架可以按照垂直投影面积以"m^2"计算
C. 施工排水、降水费用通常按照排、降水日历天数以"天"计算
D. 超高施工增加费通常按照建筑物的建筑面积以"m^2"为单位计算

E. 垂直运输费可以按照建筑面积以 "m²" 为单位计算

63. 下列各项中属于工程建设其他费用中工程保险费的是（　　）。

A. 建筑工程一切险　　　　　　　　B. 安装工程一切险

C. 工伤保险　　　　　　　　　　　D. 进口设备财产险

E. 工程质量潜在缺陷险

64. 下列关于分部组合计价原理的表述，正确的是（　　）。

A. 工程计价的基本原理就是项目的分解和价格的组合

B. 是利用函数关系对拟建项目的造价进行匡算

C. 需将建设项目自上而下细分至最基本的构造单元

D. 分为工程计量和工程组价两个环节

E. 首先应计算各基本构造单元的价格

65. 在编制总价措施项目清单与计价表时，下列各项可能成为计算基础的是（　　）。

A. 定额分部分项工程费　　　　　　B. 定额人工费

C. 定额直接费　　　　　　　　　　D. 定额人工费+定额施工机具使用费

E. 定额基价

66. 关于确定材料消耗量的基本方法，下列表述中正确的是（　　）。

A. 现场技术测定法是根据对材料消耗过程的测定与观察，通过完成产品数量和材料消耗量的计算而确定各种材料消耗定额的一种方法

B. 实验室试验法主要适用于确定材料损耗量

C. 实验室试验法的缺点在于无法估计施工现场某些因素对材料消耗量的影响

D. 现场统计法可分别确定材料净用量和损耗量

E. 理论计算法较适合于不易产生损耗，且容易确定废料的材料消耗量的计算

67. 下列各项中不需计算场外运费的是（　　）。

A. 不需安拆的施工机械

B. 不需相关机械辅助运输的自行移动机械

C. 移动需要起重及运输机械的轻型施工机械

D. 固定在车间的施工机械

E. 利用辅助设施移动的施工机械

68. 计算预算定额中的机械台班消耗量时，机械台班幅度差的内容一般包括（　　）。

A. 低负荷下工作时间

B. 正常施工条件下，机械在施工中不可避免的工序间歇

C. 施工本身造成的停工时间

D. 临时停机、停电影响机械操作的时间

E. 机械维修引起的停歇时间

69. 下列关于大数据技术对造价管理影响的表述，正确的是（　　）。

A. 有利于增强投标人技术方案的可视性

B. 为智能决策提供支持

C. 有利于设计模型的多专业一致性检查

D. 为规范工程发承包行为提供有效数据支持

E. 有利于施工成本管理

70. 在流动资金估算过程中，在产品的计算通常需要考虑的要素包括（　　）。

A. 年经营成本
B. 外购原材料、燃料费用

C. 年工资及福利费
D. 年其他材料费用

E. 年修理费

71. 当采用类似工程预算法编制建筑工程概算时，需要进行差异调整，通常包括（　　）。

A. 建筑结构差异调整
B. 利润率调整

C. 价差调整
D. 税率调整

E. 规费率调整

72. 招标工程量清单编制时，有关其他项目清单编制，描述正确的是（　　）。

A. 当不能详列时，暂列金额中也可只列暂定金额总额

B. 需要纳入分部分项工程量清单项目综合单价中的暂估价，应只是材料、设备暂估单价，以方便投标人组价

C. 以"项"为计量单位给出的专业工程暂估价一般应是综合暂估价，即应当包括除规费、税金以外的管理费、利润等

D. 暂列金额由招标人支配，实际发生后才得以支付

E. 编制计日工表格时，若零星用工难以估计，也可不给出暂定数量

73. 下列各项中属于投标报价编制依据的是（　　）。

A. 企业定额

B. 国家或省级、行业建设主管部门颁发的计价依据、标准和办法

C. 招标文件、工程量清单及其补充通知、答疑纪要

D. 建设工程设计文件及相关资料

E. 施工现场情况、工程特点及常规施工方案

74. 下列有关"评定分离"方法操作细则的表述，说法正确的是（　　）。

A. 定标委员会由招标人负责组建和管理，成员为 5 人以上单数

B. 招标人单位在编人员不得少于成员总数的三分之二

C. 招标人的法定代表人参加定标委员会的，由其直接担任定标委员会组长

D. 定标方法和标准等内容应当在招标文件中明确

E. 定标委员会名单应在招标文件中公布

75. 在费用索赔计算中，以下各项中可以用来作为施工机械使用费计算标准的是（　　）。

A. 机械台班费
B. 台班折旧费+人工费+其他费

C. 台班人工费
D. 台班进出场及安拆费

E. 台班租金加每台班分摊的施工机械进出场费

76. 根据《标准施工招标文件》（2007 年版）的通用合同条款约定，下列事件中承包人可同时获得工期、费用、利润补偿的是（　　）。

A. 迟延提供图纸

B. 承包人提前竣工

C. 监理人对已经覆盖的隐蔽工程要求重新检查且检查结果合格

D. 基准日后的法律变化

E. 发包人在工程竣工前提前占用工程

真题讲解
（76 题）

77. 有关工程计量的概念及原则，下列表述正确的是（　　）。

A. 不符合合同文件要求的工程不予计量

B. 工程计量的方法、范围、内容和单位受合同文件所约束

C. 招标工程量清单缺项或项目特征描述不符，应按照工程量清单的特征予以计量

D. 工程计量是指对承包人已经完成的质量合格的工程数量进行测量与计算

E. 因承包人原因造成的超出合同工程范围施工或返工的工程量，发包人不予计量

78. 有关工程造价鉴定的委托及终止，下列表述中正确的是（　　）。

A. 鉴定机构组织的鉴定工作小组成员必须是依法注册于该鉴定机构的执业造价工程师

B. 当委托事项超出本机构专业能力和技术条件的，鉴定机构应不予接受委托

C. 鉴定人及其辅助人员与鉴定项目有利害关系的，应当自行提出回避

D. 对争议标的较大或涉及工程专业较多的鉴定项目，应成立由 3 名及以上鉴定人组成的鉴定项目组

E. 会见本纠纷项目的当事人、代理人的，应当回避

79. 根据《FIDIC 施工合同条件》的规定，工程材料和设备款的预支条件包括（　　）。

A. 装运后付款　　　　　　　　　B. 订货后付款

C. 签订合同后付款　　　　　　　D. 运至现场后付款

E. 验收合格后付款

80. 下列各项中属于工程造价对比分析内容的是（　　）。

A. 考核主要实物工程量

B. 考核项目结余资金分配情况

C. 考核主要材料消耗量

D. 考核预备费动用情况

E. 考核项目建设管理费、措施费和间接费的取费标准

模拟题一答案与解析

一、单项选择题（共 60 题，每题 1 分。每题的备选项中，只有一个最符合题意）

1. 【答案】A

【解析】此内容为 2023 版教材修订内容，ICMS 规定的工程项目总建设成本由基本建设成本、相关建设成本、场地购置费和业主其他费用三部分组成。其中项目基本建设成本又可以根据项目专业类别的不同分为成本集和成本子集。选项 B、C、D 都属于成本子集，而不属于成本集。

2. 【答案】C

【解析】有关国产非标准设备原价中主要项目的计算公式如下：

材料费 = 材料净用量×(1+加工损耗系数)×单位材料综合价；

加工费 = 材料总用量×材料加工单价；

辅助材料费 = 材料费×辅助材料费指标；

3. 【答案】A

【解析】FOB，意为装运港船上交货，亦称为离岸价。FOB 术语是指当货物在装运港被装上指定船时，卖方即完成交货义务。风险转移，以在指定的装运港货物被装上指定船时为分界点。费用划分与风险转移的分界点相一致。

4. 【答案】A

【解析】当建筑工程总承包单位为房屋建筑的地基与基础、主体结构提供工程服务，建设单位自行采购全部或部分钢材、混凝土、砌体材料、预制构件时，适用简易计税方法计税。因此，用不扣除进项税额的税前造价乘以 3% 的简易计税方法计算。

增值税 = (500+2000+800+400+100+150)×3% = 118.5（万元）。

5. 【答案】D

【解析】此内容为 2023 版教材增加内容。根据《企业安全生产费用提取和使用管理办法》规定，若以建筑安装工程费为计算依据，不同建设行业的计取标准为：矿山工程 3.5%；铁路工程、房屋建筑工程、城市轨道交通工程 3%；水利水电工程、电力工程 2.5%；冶炼工程、机电安装工程、化工石油工程、通信工程 2%；市政公用工程、港口与航道工程、公路工程 1.5%。

6. 【答案】D

【解析】在城市规划区内，国有土地上实施房屋拆迁，迁移补偿费包括征用土地上的房屋及附属构筑物、城市公共设施等拆除、迁建补偿费及搬迁运输费，企业单位因搬迁造成的减产、停工损失补贴费等。

7. 【答案】D

【解析】建设期计列的生产经营费是指为达到生产经营条件在建设期发生或将要发生

的费用，包括专利及专有技术使用费、联合试运转费、生产准备费等。专利及专有技术使用费是指在建设期内为取得专利、专有技术、商标权、商誉、特许经营权等发生的费用。

8.【答案】B

9.【答案】D

【解析】项目静态投资＝（2000+3000+1000）×（1+10%）＝6600（万元）；

$I_1=6600×20\%=1320$（万元）；

$I_2=I_3=2640$（万元）；

$PF_1=1320×\left[(1+5\%)^2×(1+5\%)^{0.5}-1\right]=171.24$（万元）；

$PF_2=2640×\left[(1+5\%)^2×(1+5\%)^1×(1+5\%)^{0.5}-1\right]=491.60$（万元）；

$PF_3=2640×\left[(1+5\%)^2×(1+5\%)^2×(1+5\%)^{0.5}-1\right]=648.18$（万元）；

价差预备费＝171.24+491.60+648.18＝1311.02（万元）。

10.【答案】A

【解析】工程计价依据中，团体标准与操作规程主要包括中国建设工程造价管理协会陆续发布的各类团体标准和操作规程。《建设工程造价鉴定规程》CECA/GC 8、《工程造价咨询企业服务清单》CECA/GC 11、《建设项目全过程造价咨询规程》CECA/GC 4等均属于此类。

11.【答案】D

【解析】此为2023版教材增加内容。虽然从计价原理上看，定额计价与工程量清单计价可以表示为工程量与单价乘积后的汇总。但两者之间也存在着明显的区别，其中造价形成机制不同是定额计价与工程量清单计价的最根本区别。定额计价本质上仍然维持着由生产要素投入和消耗决定工程造价的计价方式，属于生产决定价格的成本法计价机制。而工程量清单计价采用描述工程实体量的方式，工程造价通过市场竞争形成，属于交易决定价格的市场法计价机制。

12.【答案】D

【解析】此为2023版教材增加内容。从本质上说，工程量清单计价是招标人为完成工程交易而提供一套完整的实物量清单，投标人根据招标人提供的实物量清单中列明的项目名称、项目特征、计量单位和工程数量进行自主报价，只是根据不同的规范、标准或项目条件，可以有不同的项目名称设置要求、项目特征描述方式、计量单位的选择和工程数量的计算规则。

13.【答案】C

14.【答案】B

15.【答案】C

16.【答案】C

【解析】此为2023版教材增加内容。两种计价方式的风险分担方式不同。工程量清单计价方式下，工程量由招标人根据全国统一的工程量计算规则计算并提供，价格通过市场竞争实现。事前算细账、摆明账，履约过程中可以通过过程结算不断实现固化，简化了竣工结算，实现了计价风险按合同约定由发承包双方分担。定额计价方式中，发承包双方在招标投标过程中均需要进行算量、套价、取费、调差的重复性工作，容易导致履约过程中出现的风险双方分担方式不明确，并且常采用事后算总账的造价形成机制，容易引起双方的工程价款纠纷。

17.【答案】D

【解析】计时观察法，是研究工作时间消耗的一种技术测定方法。它以研究工时消耗为对象，以观察测时为手段，通过密集抽样和粗放抽样等技术进行直接的时间研究。计时观察法以现场观察为主要技术手段，所以也称之为现场观察法。

18.【答案】B

19.【答案】B

【解析】施工仪器仪表台班单价由四项费用组成，包括折旧费、维护费、校验费、动力费。施工仪器仪表台班单价中的费用组成不包括检测软件的相关费用。施工仪器仪表台班动力费是指施工仪器仪表在施工过程中所耗用的电费。

20.【答案】A

【解析】在概算指标工程特征的描述中，采暖工程特征应列出采暖热媒及采暖形式；电气照明工程特征可列出建筑层数、结构类型、配线方式、灯具名称等；房屋建筑工程特征主要对工程的结构形式、层高、层数和建筑面积进行说明。

21.【答案】B

22.【答案】B

【解析】此为2023版教材增加内容。工程造价指标需要根据工程特征进行测算，建设项目特征信息是以建设项目为单位，针对建设项目的共性内容、通用内容进行描述。对于房屋建筑工程而言，通常包括基本信息和面积信息两部分。基本信息中的工程特征分类（民用建筑、工业建筑或构筑物）、项目所在地、造价类型（投资估算、设计概算、最高投标限价、投标报价、合同价、工程结算、竣工决算等）以及建安造价是否含税是必须描述的项目特征，其余可选择描述的特征还包括绿化率、开竣工日期、工程承包模式、资金来源等。

23.【答案】C

【解析】工程方案选择应满足的基本要求包括：①满足生产使用功能要求。确定项目的工程内容、建筑面积和建筑结构时，应满足生产和使用的要求。分期建设的项目，应留有适当的发展余地。②适应已选定的场址（线路走向）。在已选定的场址（线路走向）范围内，合理布置建筑物、构筑物，以及地上、地下管网的位置。③符合工程标准规范要求。建筑物、构筑物的基础、结构和所采用的建筑材料，应符合政府部门或者专门机构发布的技术标准规范要求，确保工程质量。④经济合理。工程方案在满足使用功能、确保质量的前提下，力求降低造价、节约建设资金。

24.【答案】B

25.【答案】C

流动资产 = 1000 + 200 + 1500 + 100 = 2800（万元）；

流动负债 = 600 + 150 = 750（万元）；

流动资金总额＝2800－750＝2050（万元）；

第三年投入的流动资金＝2050－1200＝850（万元）。

26.【答案】A

【解析】工程费用投资估算＝4000×（30/20）×（1+5%）^{2}+8000＝14615（万元）。

27.【答案】A

28.【答案】B

29.【答案】B

30.【答案】C

31.【答案】C

32.【答案】D

【解析】实物量法编制步骤：①准备资料、熟悉施工图纸。②列项并计算工程量。③套用预算定额（或企业定额），计算人工、材料、机具台班消耗量。④计算并汇总直接费。⑤计算其他各项费用，汇总造价。⑥复核，填写封面、编制说明。

33.【答案】A

34.【答案】A

【解析】根据《招标投标法实施条例》规定，招标人设有最高投标限价的，应当在招标文件中明确最高投标限价或者最高投标限价的计算方法，因此答案B不正确；同时，《招标投标法实施条例》中并未有任何条款是标底和最高投标限价的排他性规定，因此答案D不正确。

35.【答案】D

【解析】为使最高投标限价与投标报价所包含的内容一致，综合单价中应包括招标文件中要求投标人所承担的风险内容及其范围（幅度）产生的风险费用。对于工程设备、材料价格的市场风险，应依据招标文件的规定、工程所在地或行业工程造价管理机构的有关规定，以及市场价格趋势考虑一定率值的风险费用，纳入综合单价中。

36.【答案】C

【解析】此为2023版教材增加知识点。在编制最高投标限价时，土石方、幕墙等专业化、市场化程度高的工程量清单项目，可参考类似项目的专业承包市场价格确定综合单价，或以专业分包总包价的形式进行组价，并综合考虑利润和管理费。

37.【答案】C

【解析】调查工程现场时，施工条件调查和其他条件调查的内容应注意区分。通常经济条件和社会条件的调查属于其他条件调查的内容。

38.【答案】C

【解析】复核工程量的目的不是修改工程量清单，即使有误，投标人也不能修改招标工程量清单中的工程量，因为修改了清单将导致在评标时认为投标文件未响应招标文件而被否决。

39.【答案】D

【解析】"视为"投标人相互串标与"属于"投标人相互串标的判断情形应注意区分。

40. 【答案】C

41. 【答案】A

【解析】甲在 2 号标段的评标价 = 6000 - 40×2 = 5920（万元）；

乙在 2 号标段的评标价 = 5800×（1 - 5%）- 40 = 5470（万元）。

42. 【答案】D

【解析】此为 2023 版教材修订内容。国际工程投标报价由直接费用、间接费用、其他费用、利润和风险费组成。其中其他费用包括分包费、暂定金额、开办费等。

43. 【答案】D

【解析】此为 2023 版教材修订内容。根据团体标准《建设项目工程总承包计价规范》T/CCEAS 001 的规定，投标报价时，当约定了合同价款调整事项时，预备费应按招标文件中列出的金额填写，不得变动，并应列入投标总价中。

44. 【答案】B

【解析】综合《标准设计施工总承包招标文件》和《房屋建筑和市政基础设施项目工程总承包管理办法》的规定，发包人提供的资料和条件中的其他资料，根据工程总承包发包时间的不同，可包括可行性研究报告、方案设计文件或者初步设计文件等。

45. 【答案】D

46. 【答案】C

【解析】已标价工程量清单中没有适用但有类似于变更工程项目的，可在合理范围内参照类似项目的单价或总价调整。采用类似的项目单价的前提是其采用的材料、施工工艺和方法基本相似，不增加关键线路上工程的施工时间，可仅就其变更后的差异部分，参考类似的项目单价由发承包双方协商新的项目单价。

47. 【答案】D

【解析】工程量增加了（2600 - 2000）/2000 = 30%，应该将综合单价调低。

420×（1 + 15%）= 483（元）< 498 元，因此应将综合单价调低至 483 元。

最终结算价格 = 2000×（1 + 15%）×498 + [2600 - 2000×（1 + 15%）]×483 = 1290300（元）。

48. 【答案】B

【解析】人工的权重 = 70%×20% = 0.14；

钢材的权重 = 70%×35% = 0.245；

水泥的权重 = 70%×30% = 0.21；

机具的权重 = 70%×15% = 0.105；

需调整的价格差额 = $1050×\left(0.3 + 0.14×\dfrac{105}{100} + 0.245×\dfrac{104}{103} + 0.21×\dfrac{103}{105} + 0.105×\dfrac{110}{106} - 1\right)$ = 9.81（万元）。

49. 【答案】C

【解析】工程变更是合同实施过程中由发包人提出或由承包人提出，经发包人批准的对合同工程的工作内容、工程数量、质量要求、施工顺序与时间、施工条件、施工工艺或其他特征及合同条件等的改变。工程变更指令发出后，应当迅速落实指令，全面修改相关的各种文件。承包人也应当抓紧落实，如果承包人不能全面落实变更指令，则扩大的损失应当由承包人承担。

50.【答案】A

【解析】发现地下文物引起的窝工按照窝工补偿标准计算，保护文物属于增加用工，按照正常的人工工日单价计算，地下文物事件只计取管理费，不计取利润，工期可以获得补偿；发包人提前提供材料可获得费用补偿。因此，可索赔工期5天，费用索赔＝（30×50＋10×150）×（1＋20%）＋150×4＝4200（元）。

51.【答案】A

【解析】工程计量的原则要求不符合合同文件要求的工程不予计量。即工程必须满足设计图纸、技术规范等合同文件对其在工程质量上的要求，同时有关的工程质量验收资料齐全、手续完备，满足合同文件对其在工程管理上的要求。

52.【答案】D

【解析】此为2023版教材增加内容。施工过程结算主要针对当年开工、当年不能竣工的新开工项目。是指发承包双方通过合同约定，将施工过程按时间或进度节点划分施工周期，对周期内已完成且无争议的工程量（含变更、索赔等）进行工程进度款计算、确认和支付，支付金额不得超出已完工部分对应的批复概（预）算。

53.【答案】D

54.【答案】A

【解析】缺陷责任期从工程竣工验收之日起计。缺陷责任期一般为一年，最长不超过两年，由发承包双方在合同中约定。由于承包人原因导致工程无法按规定期限进行竣工验收的，缺陷责任期从实际通过竣工验收之日起计。由于发包人原因导致工程无法按规定期限进行竣工验收的，在承包人提交竣工验收报告90天后，工程自动进入缺陷责任期。

55.【答案】B

【解析】鉴定机构对同一鉴定事项，应指定2名及以上鉴定人共同进行鉴定。对争议标的较大或涉及工程专业较多的鉴定项目，应成立由3名及以上鉴定人组成的鉴定项目组。此题答案D容易误选，需要3名以上鉴定人的情况是"标的较大或涉及专业较多"，而不是"争议比较大"。

56.【答案】C

57.【答案】A

58.【答案】D

【解析】此为2023版教材修订内容。经双方协商，部分工作在工程竣工验收后进行的，承包人应当编制扫尾工作清单，扫尾工作清单中应当列明承包人应完成的扫尾工作的内容及完成时间。承包人完成扫尾工作清单中的内容应取得的费用包含在竣工结算价款中一并结算。承包人未能按照扫尾工作清单约定的完成时间完成扫尾工作的，应视为承包人原因导致的工程质量缺陷。

59.【答案】A

60.【答案】D

二、多项选择题（共 20 题，每题 2 分。每题的备选项中，有 2 个或 2 个以上符合题意，至少有 1 个错项。错选，本题不得分；少选，所选的每个选项得 0.5 分）

61.【答案】ACD

62.【答案】BE

【解析】分部分项工程费是指各类专业工程的分部分项工程应予列支的各项费用。分部分项工程费=∑（分部分项工程量×综合单价），综合单价包括人工费、材料费、施工机具使用费、企业管理费和利润，以及一定范围的风险费用。选项 A、C、D 均属于措施项目费。

63.【答案】ABDE

64.【答案】ABD

【解析】工程计量工作包括工程项目的划分和工程量的计算。

单位工程基本构造单元的确定，即划分工程项目。编制工程概算预算时，主要是按工程定额进行项目的划分；编制工程量清单时主要是按照清单工程量计算规范规定的清单项目进行划分。

工程量的计算是按照工程项目的划分和工程量计算规则，就不同的设计文件对工程实物量进行计算。工程实物量是计价的基础，不同的计价依据有不同的计算规则规定。

65.【答案】BDE

【解析】工程量清单又可分为招标工程量清单和已标价工程量清单。招标工程量清单应以单位（项）工程为单位编制，由分部分项工程项目清单、措施项目清单、其他项目清单、规费项目、税金项目清单组成。暂列金额应按照招标人列出的金额计入投标总价。总承包服务费的服务内容应由招标人填写。由于暂列金额是用于合同签订时尚未确定或者不可预见事件引起的调价，而在竣工结算时，所有事件已经确定发生或不发生，不须再做任何预留，因此单位工程竣工结算汇总表中不再计列暂列金额。

66.【答案】CD

【解析】熟悉图纸、事后清理场地都属于任务的准备与结束工作时间，通常与所担负的工作量大小无关，但和工作内容有关。

67.【答案】ABE

68.【答案】BDE

【解析】预算定额基价就是预算定额分项工程或结构构件的单价，我国现行各省预算定额基价的表达内容不尽统一。有的定额基价只包括人工费、材料费和施工机具使用费，即工料单价；也有的定额基价是包括了工料单价以外的管理费、利润的清单综合单价，即不完全综合单价；也有的定额基价是包括了规费、税金在内的全费用综合单价，即完全综合单价。

69.【答案】BDE

70.【答案】CD

【解析】动态部分的估算应以基准年静态投资的资金使用计划为基础来计算，而不是以编制年的静态投资为基础计算。流动资金估算一般采用分项详细估算法，个别情况或者小型项目可采用扩大指标法。按照概算法分类，建设投资由工程费用、工程建设其他费用和预备费三部分构成。按照形成资产法，建设投资估算由形成固定资产、无形资产、其他资产的费用和预备费四部分组成。

71.【答案】ACD

【解析】此为2023版教材增加内容。根据工程造价改革工作方案的要求，建设工程的各阶段计价应逐渐进行市场化改革，以保证计价结果的准确性并反映市场的实际供需状况，以达到合理管控工程造价的目标，概算编制的市场化改革应包括三方面的内容：①根据设计深度的不同合理选择概算编制方法；②充分利用市场化的造价数据；③充分利用数智化技术。

72.【答案】ABE

【解析】招标文件中规定的各项技术标准均不得要求或标明某一特定的专利、商标、名称、设计、原产地或生产供应者，但规格是技术标准和要求中必须明确的，因此C错误。

73.【答案】ACDE

【解析】投标人须知反映了招标人对投标的要求，特别要注意项目的资金来源、投标书的编制和递交、投标保证金、是否允许递交备选方案、评标方法等，重点在于防止投标被否决。

74.【答案】ABC

【解析】此为2023版教材增加内容。定标委员会由招标人负责组建和管理，成员为5人以上单数，本单位在编人员不得少于成员总数的三分之二。定标委员会应当推荐定标组长，招标人（不含代理机构）的法定代表人或者主要负责人参加定标委员会的，由其直接担任定标委员会组长，定标委员会名单在中标结果公告前应当保密。定标委员会组成、定标地点、定标方法和标准等内容应当在招标文件中明确。

75.【答案】ADE

76.【答案】AD

77.【答案】ABE

78.【答案】AE

【解析】鉴定人及其辅助人员有下列情形之一的，应当自行提出回避：①是鉴定项目当事人、代理人近亲属的；②与鉴定项目有利害关系的；③与鉴定项目当事人、代理人有其他利害关系，可能影响鉴定公正性的。

选项B和C容易混淆，属于"当事人有权向委托人申请回避"的情形。选项D"担任过鉴定项目咨询人"是鉴定机构的回避情形，而非鉴定人及其辅助人员的回避情形。

79.【答案】ACE

80.【答案】AB

【解析】竣工决算是由竣工财务决算说明书、竣工财务决算报表、工程竣工图和工程竣工造价对比分析四部分组成。其中竣工财务决算说明书和竣工财务决算报表两部分又称建设项目竣工财务决算，是竣工决算的核心内容。

模拟题二答案与解析

一、单项选择题（共 60 题，每题 1 分。每题的备选项中，只有一个最符合题意）

1. 【答案】B

【解析】建设投资包括工程费用、工程建设其他费用和预备费三部分。建设投资＝10000＋2000＋600＝12600（万元）。

2. 【答案】C

【解析】外购配套件费可以作为包装费的计算基数，但不能作为利润计算基数。这是国产非标准设备原价计算中最常见的考点。

3. 【答案】B

【解析】建筑安装工程费中的材料费，是指工程施工过程中耗费的各种原材料、半成品、构配件、工程设备等的费用，以及周转材料等的摊销、租赁费用。计算材料费的基本要素是材料消耗量和材料单价。

4. 【答案】B

【解析】建筑安装工程费中的材料费，是指工程施工过程中耗费的各种原材料、半成品、构配件、工程设备等的费用，以及周转材料等的摊销、租赁费用。计算材料费的基本要素是材料消耗量和材料单价。对于材料费中应计入的工程设备费的规定，根据《建设工程计价设备材料划分标准》GB/T 50531 的规定，工业、交通等项目中的建筑设备购置有关费用应列入建筑工程费，单一的房屋建筑工程项目的建筑设备购置有关费用宜列入建筑工程费。

5. 【答案】B

【解析】垂直运输费可按照施工工期日历天数以"天"为单位计算；排水、降水费用通常按照排、降水日历天数按"昼夜"计算。"天"与"昼夜"的区别应分清。

6. 【答案】A

【解析】实行代建制管理的项目，建设单位委托代建机构开展工程代建工作会发生代建管理费。建设项目一般不得同时列支代建管理费和项目建设管理费，确需同时发生的，两项费用之和不得高于项目建设管理费限额。建设单位委托咨询机构进行施工项目管理服务会发生施工项目管理费。施工项目管理费从项目建设管理费中列支。

7. 【答案】B

【解析】在城市规划区内国有土地上实施房屋拆迁，拆迁人应当对被拆迁人给予补偿、安置。其中包括征用土地上的房屋及附属构筑物、城市公共设施等拆除、迁建补偿费及搬迁运输费，企业单位因搬迁造成的减产、停工损失补贴费及拆迁管理费等。

8. 【答案】B

【解析】基本预备费是以工程费用和工程建设其他费用二者之和为计取基础，乘以基本预备费率进行计算。基本预备费率的取值应执行国家及部门的有关规定。

9. 【答案】C

【解析】$q_1 = (300 \div 2) \times 12\% = 18$（万元）；

$q_2 = (318 + 600 \div 2) \times 12\% = 74.16$（万元）；

$q_3 = (318 + 674.16 + 400 \div 2) \times 12\% = 143.06$（万元）；

建设期利息 $= 18 + 74.16 + 143.06 = 235.22$（万元）。

10. 【答案】B

11. 【答案】A

【解析】我国的工程造价管理体系可划分为工程造价管理的相关法律法规体系、工程造价管理标准体系、工程计价定额体系和工程计价信息体系四个主要部分。其中后三项称为工程计价依据体系。

12. 【答案】B

13. 【答案】B

【解析】工程量清单的发展方向应建立多层级工程量清单，形成以清单计价规范和各专（行）业工程量计算规范配套使用的清单规范体系，满足不同设计深度、不同复杂程度、不同承包方式及不同管理需求下工程计价的需要。而我们目前使用的《建设工程工程量清单计价规范》主要适用于施工图设计完成后的施工发承包及施工阶段的计价活动。相应的项目编码规则、项目特征描述方式以及工程量计算规则都是在项目已经具备了施工图的基础上进行规定的，并不完全适合不同交易时点对工程量清单的实际需要。

14. 【答案】A

【解析】计日工表中的项目名称、暂定数量由招标人填写，编制最高投标限价时，单价由招标人按有关计价规定确定；投标时，单价由投标人自主报价，按暂定数量计算合价计入投标总价中。结算时，按发承包双方确认的实际数量计算合价。

15. 【答案】B

【解析】选项A容易错选。"工人的技术水平"属于与人有关的因素，应包含在组织因素中。

16. 【答案】C

【解析】$\dfrac{机械一次循环的}{正常延续时间} = \sum \left(\dfrac{循环各组成部分}{正常延续时间} \right) - 交叠时间$

17. 【答案】B

【解析】每 100m^2 地面中结合层砂浆净用量 $= 100 \times 0.02 = 2$（m^3），每 100m^2 地面砂浆消耗量 $= 2 \times (1 + 2\%) = 2.04$（$\text{m}^3$）。

18. 【答案】C

【解析】津贴补贴与特殊情况下支付的工资之间的区别是常见考点，考生应注意掌握。

19. 【答案】B

【解析】当材料供货方是小规模纳税人时，应以征收率（3%）从购入价格中扣除增值税进项税额，因此答案A错误。

20. 【答案】B

21. 【答案】A

【解析】此为2023版教材修订内容。大数据技术通过对海量工程数据进行高效学习，挖掘规律，从而提供智能决策支持，具体表现在三个方面：①提高项目各阶段协同工作的效率；②辅助工程建设各阶段的有效策划；③推动建筑产业转型升级。

22. 【答案】A

【解析】$P = (400 \times 2500 + 350 \times 3000 + 475 \times 4000 + 500 \times 1500 + 450 \times 2000 + 550 \times 2000 + 525 \times 5000) / (2500 + 3000 + 4000 + 1500 + 2000 + 2000 + 5000) = 466.25$（元/m³）。

23. 【答案】B

24. 【答案】A

25. 【答案】D

【解析】此题应用设备系数法解答，首先根据已完工程计算出建筑工程费、安装工程费、设备购置费的比例，然后根据对此比例用调差系数进行调整，最后再汇总征地拆迁等其他费用。计算过程为：拟建项目的静态投资估算 $= 7.5 \times [1 + (0.5 + 0.4) \times (1 + 5\%)^3] + 1 = 16.314$（亿元）。

26. 【答案】D

【解析】由于投资估算时，预备费只是准备性费用，尚不能确定未来支付在何种项目上，因此只能单独列项，无法计入某一类资产价值。

27. 【答案】C

【解析】此为2023版教材增加内容。根据《建筑工程设计文件编制深度规定》，对于工业厂房、民用建筑、仓库及配套工程的新建、改建、扩建工程设计，一般应分为方案设计、初步设计和施工图设计三个阶段；对于技术要求相对简单的民用建筑工程，当有关主管部门在初步设计阶段没有审查要求，且合同中没有做初步设计的约定时，可在方案设计审批后直接进入施工图设计。

28. 【答案】D

29. 【答案】D

【解析】综合调价系数是以类似工程中各成本构成项目占总成本的百分比为权重，按照加权的方式计算成本单价的调价系数，根据类似工程预算提供的资料，也可按照同样的计算思路计算出人、材、机费综合调整系数，通过系数调整类似工程的工料单价，再按照相应取费基数和费率计算间接费、利润和税金，即可得出所需的综合单价。

30. 【答案】A

31. 【答案】D

【解析】此为2023版教材增加内容。从工程计价基本原理上看，施工图预算编制和设计概算编制本质是没有太大区别，主要体现在项目设计深度不同以及计价子目划分详细程度的不同。因此，概算编制的市场化改革问题也同样适用于施工图预算编制。需要注意的是，工程造价的市场化改革机制有可能会对施工图预算本身的定位产生影响。由于越来越多的项目工程交易时点前移，导致在施工图设计完成前已经完成了发承包过程，因此，在工程造价管理体系中，出现了由双方交易形成的合同价格逐渐代替施工图预算作为造价管控目标的发展趋势。

32. 【答案】B

【解析】采用二级预算编制形式的工程预算文件包括：封面、签署页及目录、编制说明、总预算表、单位工程预算表、附件等内容。

33. 【答案】B

【解析】投标人须知中通常包括的是"若投标人不遵守就会导致投标文件被否决的强制性规定"，考生可根据这一原则进行判断区分。

34. 【答案】C

35. 【答案】A

【解析】此为 2023 版教材增加内容。采用参考类似工程、市场询价方式确定价格的，最终选定价格数据应保证数据来源达到一定数量标准（通常不应少于 3 个），施工危险性较大的部分，采用数据来源中最高价进行编制。

36. 【答案】D

37. 【答案】D

【解析】选项 A，国有资金投资的工程建设项目应实行工程量清单招标方式，招标人应编制最高投标限价；选项 B，最高投标限价不得进行上浮或下调；选项 C，投标人经复核认为招标人公布的最高投标限价未按照规范规定进行编制的，应在最高投标限价公布后 5 天内向招标投标监督机构和工程造价管理机构投诉。

38. 【答案】D

39. 【答案】B

40. 【答案】B

【解析】清标工作内容的特点：①主要是对报价进行审核；②主要从合理性、正确性、完整性方面进行审核。

41. 【答案】B

【解析】首先计算三个投标人的评标价：

甲评标价 = 1000 - 20 = 980（万元）；乙评标价 = 990 - 10 = 980（万元）；丙评标价 = 1030 - 50 = 980（万元）。当经评审的投标价相等时，投标报价低的优先。因此，推荐的中标候选人排序为乙、甲、丙。

42. 【答案】D

【解析】此为 2023 版教材修订内容。国际工程的间接费项目多、费率变化大，报价的高低几乎取决于间接费的取费水平。不同的工程，间接费包括的内容可能有所不同，常见的费用包括以下几种：现场管理费、投标费用、保函手续费、保险费、税金、经营业务费、贷款利息、总部管理费。

43. 【答案】A

【解析】在国际工程中，人工工日单价就是指国内派出工人和工程所在国招募的工人每个工作日的平均工资单价。国内派出工人出国期间的总费用包括出国准备到回国休整结束后的全部费用。

44. 【答案】D

45. 【答案】A

【解析】如果由于承包人的原因导致工期延误，按不利于承包人的原则调整合同价款。在工程延误期间，国家的法律、行政法规和相关政策发生变化引起工程造价变化的，造成合同价款增加的，合同价款不予调整；造成合同价款减少的，合同价款予以调整。

46. 【答案】B

【解析】承包人报价浮动率=（1-5700/6000）=5.00%。

47. 【答案】C

【解析】价格指数调价法和造价信息调价法的适用范围应注意区分。

48. 【答案】C

【解析】投标报价 600 元/m³>500×（1+15%）=575（元/m³），则调整后综合单价为 575 元/m³。

49. 【答案】D

【解析】机械设备停滞费的计算标准：如果机械设备是承包人自有设备，一般按台班折旧费、人工费与其他费之和计算。

台班其他费=350-120-30-20-60-100-15=5（元/台班）；

台班停滞费=120+100+5=225（元/台班）。

50. 【答案】B

【解析】项目特征不符是指"在合同履行期间，出现设计图纸（含设计变更）与招标工程量清单任一项目的特征描述不符，且该变化引起该项目的工程造价增减变化"，因此答案 A 的表述不准确。

51. 【答案】C

【解析】年度工程总价=30000×0.5=15000（万元）。

工程预付款数额=年度工程总价×材料比例/年度施工天数×材料储备定额天数

　　　　　　　=（15000×54%）/360×60=1350（万元）。

52. 【答案】A

【解析】此为2023版教材修订知识点。施工过程结算强调对已完工程量要及时进行工程进度款的确认与支付，并应将已经确认的过程结算文件作为竣工结算的依据，以减少工程实践中在竣工时进行全面的竣工结算审核，其本质上与各合同范本中约定的期中结算主要目的是一致的。

53. 【答案】A

【解析】缺陷责任期从工程通过竣工验收之日起计，一般为 1 年。由于发包人原因导致工程无法按规定期限进行竣工验收的，在承包人提交竣工验收报告 90 天后，工程自动进入缺陷责任期。

54. 【答案】D

【解析】因承包人违约解除合同的，发包人应暂停向承包人支付任何价款。发包人应在合同解除后规定时间内核实合同解除时承包人已完成的全部合同价款以及按施工进度计划已运至现场的材料和工程设备货款，按合同约定核算承包人应支付的违约金以及造成损失的索赔金额，并将结果通知承包人。发承包双方应在规定时间内予以确认或提出意见，并办理结算合同价款。如果发包人应扣除的金额超过了应支付的金额，则承包人应在合同解除后的规定时间内将其差额退还给发包人。发承包双方不能就解除合同后的结算达成一致的，按照合同约定的争议解决方式处理。

55.【答案】B

56.【答案】D

【解析】3000 万元的争议标的金额应归档于 1000 万元以上 3000 万元以下（含 3000 万元）一类，因此鉴定期限应为 60 个工作日。经与委托人协商，完成鉴定的时间可以延长，每次延长时间一般不得超过 30 个工作日。每个鉴定项目延长次数一般不得超过 3 次。因此共可延长 90 个工作日，共计 150 个工作日。考生应注意，在教材的大部分时间规定中都以"天"为单位，只有规定鉴定期限时以"工作日"为单位。

57.【答案】B

【解析】根据《建设项目工程总承包合同（示范文本）》GS-2020-0216 通用合同条件，工程总承包合同价款调整的主要原因包括变更、暂估价、计日工、暂列金额、物价波动以及法律变化引起的价格调整等事项。

58.【答案】C

59.【答案】B

【解析】关于竣工决算的批复，财政部直接批复的范围包括：

1）主管部门本级的投资额在 3000 万元（不含 3000 万元，按完成投资口径）以上的项目决算。

2）不向财政部报送年度部门决算的中央单位项目决算，主要是指不向财政部报送年度决算的社会团体、国有及国有控股企业使用财政资金的非经营性项目和使用财政资金占项目资本比例超过 50% 的经营性项目决算。

60.【答案】D

【解析】不需要安装的设备、工具、器具、家具等固定资产一般仅计算采购成本，不计分摊。

二、多项选择题（共 20 题，每题 2 分。每题的备选项中，有 2 个或 2 个以上符合题意，至少有 1 个错项。错选，本题不得分；少选，所选的每个选项得 0.5 分）

61.【答案】BDE

【解析】消费税的计税基数为 $\dfrac{到岸价格(CIF)\times 人民币外汇汇率+关税}{1-消费税率}$，在结果上相当于"到岸价格+关税+消费税"，或"关税完税价格+关税+消费税"。

62.【答案】ACE

【解析】此为 2023 版教材增加内容。根据有关规定，计税方法的选择权归属于纳税人，具体到建筑行业，计税方法的选择权应归属于承包人，除规定只能使用简易计税方法的情况外，满足简易计税适用范围时，承包人可以选择采用一般计税方法或简易计税方法，但一经选择，36 个月内不得变更。当然，一般纳税人可就不同应税行为选择不同的计税方法，有可能出现一般计税方法和简易计税方法都同时存在的情形，所以 36 个月内不得变更主要是针对单个项目而言的，而不是说一般纳税人选择了简易计税以后，全部建筑项目均要使用简易计税方法。因此答案 B、D 是错误的。

63.【答案】AC

64.【答案】ACDE

【解析】此为 2023 版教材修订内容。工程计价定额泛指在工程建设不同阶段用于计算和确定工程造价的基础性计价依据，是中国特色工程计价依据的核心内容，庞大的工程计价定额体系是我国工程管理的宝贵财富。工程规划和可行性研究报告阶段应用估算指标编制投资估算；初步设计与技术设计阶段应用概算指标、概算定额编制设计概算。当前，我国编制发布了与清单计价配套的建筑、装饰、市政等全国统一定额，各行业、各地区编制和发布有专业计价定额和地方计价定额。我国工程计价定额体系基本满足了各类建设工程计价的需要，但是在修订制度、格式统一性、标准化、及时性等方面仍有待进一步完善。

65.【答案】AC

【解析】暂列金额是招标人在工程量清单中暂定并包括在合同价款中的一笔款项；暂估价是指招标人在工程量清单中提供的用于支付必然发生但暂时不能确定价格的材料、工程设备的单价以及专业工程的金额。

66.【答案】ABCE

【解析】人工定额消耗量包括工序作业时间、规范时间（工序作业时间以外的准备与结束时间、不可避免中断时间以及休息时间）；材料定额消耗量包括：直接用于建筑和安装工程的材料，编制材料净用量定额，不可避免的施工废料和材料损耗，编制材料损耗定额。同时，施工中的材料分为实体材料和非实体材料两类。施工机具台班定额消耗量包括施工机械台班定额消耗量和仪器仪表台班定额消耗量。

67.【答案】AC

68.【答案】BCE

【解析】概算定额项目一般按以下两种方法划分：一是按工程结构划分，一般是按土石方、基础、墙、梁板柱、门窗、楼地面、屋面、装饰、构筑物等工程结构划分；二是按工程部位（分部）划分，一般是按基础、墙体、梁柱、楼地面、屋盖、其他工程部位等划分，如基础工程中包括了砖、石、混凝土基础等项目。

69.【答案】ACE

【解析】数据统计法计算建设工程经济指标、工程量指标、消耗量指标时，应将所有样本工程的单位造价、单位工程量、单位消耗量进行排序，从序列两端各去掉 5% 的边缘项目，边缘项目不足 1 时按 1 计算，剩下的样本采用加权平均计算，得出相应的造价指标。

70.【答案】BCD

71.【答案】CDE

72.【答案】AB

【解析】选项 A，为了选用合理的施工组织设计和施工技术方案，需进行现场踏勘，以充分了解施工现场情况及工程特点；选项 B，工程量清单总说明包括：工程概况、工程招标及分包范围、工程量清单编制依据、工程质量、材料等的特殊要求。

73.【答案】BCD

74.【答案】ABD

【解析】目前，常用的定标方法包括价格竞争定标法、票决定标法、集体议事法等。价格竞争定标法是指以投标价格作为定标主要依据的方法，具体方法由招标投标人在招标投标文件中加以约定。该方法可以引申出多种定标方法，比如最低投标价法、次低价法、第 N（事先约定的数字）低价法、平均值法等。

75.【答案】ABC

【解析】选项 A，有时工程延期的原因中可能包含双方责任，此时监理人应进行详细分析，分清责任比例，只有可原谅延期部分才能批准顺延合同工期。选项 B，既要看被延误的工作是否在批准进度计划的关键路线上，又要详细分析这一延误对后续工作的可能影响。因为若对非关键路线工作的影响时间较长，超过了该工作可用于自由支配的时间，也会导致进度计划中非关键路线转化为关键路线，其滞后将影响总工期的拖延。选项 C，可原谅但不给予补偿费用的延期，非承包人责任事件的影响并未导致施工成本的额外支出，大多属于发包人应承担风险责任事件的影响，如异常恶劣气候条件影响的停工等。

76.【答案】BD

77.【答案】ABE

【解析】此为 2023 版教材增加内容。工程竣工结算文件编制的主要依据包括：①与工程结算有关的法律法规和标准；②工程合同；③发承包双方已确认的过程结算资料；④发承包双方未确认应调整款项的资料；⑤建设工程设计文件及相关资料；⑥投标文件；⑦其他依据。

78.【答案】BD

79.【答案】AB

【解析】发包人应在进度款支付证书签发后 14 天内完成支付，发包人逾期支付进度款的，按照贷款市场报价利率（LPR）支付利息；逾期支付超过 56 天的，按照贷款市场报价利率（LPR）的两倍支付利息。

80.【答案】ABC

模拟题三答案与解析

一、单项选择题（共60题，每题1分。每题的备选项中，只有一个最符合题意）

1. 【答案】A

【解析】建设投资由工程费用、工程建设其他费用和预备费组成，其中预备费又分为基本预备费和价差预备费。

2. 【答案】D

3. 【答案】A

4. 【答案】B

【解析】此为2023版教材增加内容。

$$8000 \times \frac{9\%}{1+9\%} - x = 8000 \times \frac{3\%}{1+3\%} - 2000 \times 3\%$$

$$x = 487.54 \text{（万元）。}$$

5. 【答案】B

【解析】地上、地下设施和建筑物的临时保护设施费与已完工程及设备保护费的区别，考生应注意掌握。

6. 【答案】B

7. 【答案】C

【解析】工程咨询服务费是指建设单位在项目建设全过程中委托咨询机构提供经济、技术、法律等服务所需的费用。工程咨询服务费包括可行性研究费、专项评价费、勘察设计费、监理费、研究试验费、特殊设备安全监督检验费、招标代理费、设计评审费、技术经济标准使用费、工程造价咨询费、竣工图编制费、BIM技术服务费及其他咨询费。

8. 【答案】D

【解析】静态投资 = （5000+3000+1000）×（1+10%）= 9900（万元）；

第三年计划投资额 = 9900×35% = 3465（万元）；

第三年的价差预备费 = 3465×[（1+5%）² ×（1+5%）² ×（1+5%）$^{0.5}$-1] = 850.74（万元）。

9. 【答案】C

【解析】由于建设期内利息当年支付，所以利息无须滚动至下一年再计息。

$q_1 = （500÷2）×10\% = 25$（万元）；

$q_2 = （500+1000÷2）×10\% = 100$（万元）；

$q_3 = （500+1000+300÷2）×10\% = 165$（万元）；

建设期利息 = 25+100+165 = 290（万元）。

10. 【答案】B

11. 【答案】C

12. 【答案】B

13. 【答案】C

14. 【答案】D

【解析】此为2023版教材增加内容。模拟工程量清单实质上是在工程设计图没有或不完备情况下工程量清单的替代方式。其与现行计价规范中标准工程量清单最大的不同点就是编制基础不同。工程量清单的编制基础是构成工程实体的各部分实物工程量,而模拟工程量清单则是依据业主的概念设计,参照类似工程的清单项目和技术指标进行编制的暂估工程量清单。

15. 【答案】D

【解析】停工时间是工作班内停止工作造成的工时损失。停工时间按其性质可分为施工本身造成的停工时间和非施工本身造成的停工时间两种。施工本身造成的停工时间,是由于施工组织不善、材料供应不及时、工作面准备工作做得不好、工作地点组织不良等情况引起的停工时间。非施工本身造成的停工时间,是由于停电等外因引起的停工时间。前一种情况在拟定定额时不应该计算,后一种情况定额中则应给予合理的考虑。

16. 【答案】D

【解析】基本工作时间 $= 2(h/m^3) = 0.25$ (工日/m^3)

工序作业时间 $= 0.25/(1-10\%) = 0.278$ (工日/m^3)

时间定额 $= 0.278/(1-20\%) = 0.347$ (工日/m^3)

产量定额 $= 1/0.347 = 2.88$ (m^3/工日)

17. 【答案】A

18. 【答案】C

19. 【答案】C

【解析】将原价及运杂费换算为不含税价格,如下表所示。

换算后的供应量及有关费用

供应点	采购量 (t)	原价 (元/t)	原价 (元/t) (不含税)	运杂费 (元/t)	运杂费 (元/t) (不含税)	运输 损耗率 (%)	采购及 保管费率 (%)
地点一	300	240	212.39	20	17.70	0.5	3.5%
地点二	200	250	221.24	15	13.76	0.4	

材料单价 $= \dfrac{[(300\times212.39+300\times17.70)\times(1+0.5\%)+(200\times221.24+200\times13.76)\times(1+0.4\%)]\times(1+3.5\%)}{300+200}$

$= 241.28$ (元/t)。

20. 【答案】B

【解析】基本用工包括完成定额计量单位的主要用工和按劳动定额规定应增(减)计算的用工量。

21. 【答案】C

【解析】此为 2023 版教材修订内容。按照工程造价指标的层级不同，建设工程造价指标可分为建设项目总投资指标和建设项目投资明细指标。

22. 【答案】C

【解析】4 月人工费价格指数 $= P_1/P_0 = 121/110 \times 100 = 110$；5 月人工费价格指数 $= 116/110 \times 100 = 105.45$。

23. 【答案】D

24. 【答案】A

【解析】生产能力平衡法分为最大工序生产能力法和最小公倍数法。最大工序生产能力法是以现有最大生产能力的工序为标准，逐步填平补齐，成龙配套，使之满足最大生产能力的设备要求。最小公倍数法是以项目各工序生产能力或现有标准设备的生产能力为基础，并以各工序生产能力的最小公倍数为准，通过填平补齐，成龙配套，形成最佳的生产规模。

25. 【答案】D

【解析】安装工程费包括安装主材费和安装费。其中，安装主材费可以根据行业和地方相关部门定期发布的价格信息或市场询价进行估算；安装费根据设备专业属性分别估算。其中，电气设备及自控仪表安装费估算以单项工程为单元，根据该专业设计的具体内容，采用相适应的投资估算指标或类似工程造价资料进行估算，或根据设备台套数、变配电容量、装机容量、桥架重量、电缆长度等工程量，采用相应综合单价指标进行估算。

26. 【答案】D

27. 【答案】B

28. 【答案】C

【解析】设计概算的编制内容包括静态投资和动态投资两个内容。静态投资作为评价和选择设计方案的依据；动态投资作为项目筹措、供应和控制资金使用的限额。

29. 【答案】B

【解析】$1820 + 54 \times 5.65 - 60 \times 5.20 = 1802.70$（元/m²）。

30. 【答案】B

31. 【答案】A

【解析】工料单价法下的准备工作步骤与实物量法基本相同。不同的是需要收集适用的单位估价表，定额中已含有定额基价的则无须单位估价表。

32. 【答案】A

33. 【答案】C

【解析】在投标人须知正文中的未尽事宜可以通过"投标人须知前附表"进行进一步明确，由招标人根据招标项目具体特点和实际需要编制和填写，但务必与招标文件的其他章节相衔接，并不得与投标人须知正文的内容相抵触，否则抵触内容无效。

34. 【答案】A

【解析】项目特征描述应符合如下规定：

项目特征：①项目特征描述的内容应按附录中的规定，结合拟建工程的实际，满足确定综合单价的需要。②若采用标准图集或施工图纸能够全部或部分满足项目特征描述的要求，项目特征描述可直接采用"详见××图集"或"××图号"的方式。对不能满足项目特征描述要求的部分，仍应用文字描述。

35.【答案】B

【解析】此为2023版教材增加内容。编制方法的改革是指优化招标工程量清单的编制方法。为便于市场化计价，招标工程量清单在编制时，可参考市场常用做法，在现行国标工程量清单基础上，调整清单项目划分，优化清单工作内容和特征描述，合理确定清单综合单价组成内容，简化清单综合单价分析表，不再通过与定额的关联对综合单价的人材机含量进行分析。

36.【答案】A

【解析】招标文件的澄清将在规定的投标截止时间15天内以书面形式发给所有获取招标文件的投标人。所谓15天是指投标截止时间往前倒推15个24h。

37.【答案】D

38.【答案】D

39.【答案】B

40.【答案】D

41.【答案】B

42.【答案】B

43.【答案】A

【解析】根据《房屋建筑和市政基础设施项目工程总承包管理办法》的规定，发包人和总承包人应当加强风险管理，合理分担风险。发包人承担的风险主要包括：①主要工程材料、设备、人工价格与招标时基期价相比，波动幅度超过合同约定幅度的部分；②因国家法律法规政策变化引起的合同价格的变化；③不可预见的地质条件造成的工程费用和工期的变化；④因发包人原因产生的工程费用和工期的变化；⑤不可抗力造成的工程费用和工期的变化。

44.【答案】A

【解析】此为2023版教材增加内容。在国际工程投标报价中，还应注意工程所在国的当地成分要求，即是否要求必须雇佣一定比例的当地工人；是否要求必须将一定比例的工程分包给当地承包商完成；是否要求必须取得工程所在国认可的资质等。

45.【答案】B

【解析】总价措施项目发生变化的，安全文明施工费应按时调整，不得浮动，因此答案D不正确。

46.【答案】B

47.【答案】D

【解析】如果承包人投标报价中材料单价低于基准单价，工程施工期间材料单价涨幅以基准单价为基础超过合同约定的风险幅度值时，或材料单价跌幅以投标报价为基础超过合同约定的风险幅度值时，其超过部分按实调整。$560-(520×1.05)=14$（元/m^3），$510+14=524$（元/m^3）。

48.【答案】A

49.【答案】C

【解析】总部管理费索赔金额 = （直接费索赔金额+现场管理费索赔金额)×总部管理费率 = $(9+2)×5\%=0.55$（万元）。

50.【答案】C

【解析】采用价格指数调整价格差额时，价格指数应首先采用工程造价管理机构提供的价格指数，缺乏上述价格指数时，可采用工程造价管理机构提供的价格代替。

51.【答案】A

52.【答案】B

【解析】预付款数额 $= \dfrac{1000×40\%}{365}×(10+5+2+15+10)=46.03$（万元）。

53.【答案】A

54.【答案】A

【解析】此为2023版教材修订内容。政府机关、事业单位、国有企业建设工程进度款支付应不低于已完成工程价款的80%；同时，在确保不超出工程总概（预）算以及工程决（结）算工作顺利开展的前提下，除按合同约定保留不超过工程价款总额3%的质量保证金外，进度款支付比例可由发承包双方根据项目实际情况自行确定。

55.【答案】B

56.【答案】C

57.【答案】D

【解析】此为2023版教材增加内容。如果业主未能在合同约定的时间内向承包商支付，承包商有权获得融资费用，若承包商未能按期收到相应款项，承包商有权获得延误支付期间未支付金额的融资费用，该融资费用按月复利计算，延误支付期间以合同规定的应支付截止日期开始计算，最常用的融资费用计算方式是按照支付币种所在地的银行对优质借款人的短期借款平均利率的平均值加3%的年利率计算。承包商有权请求业主支付融资费用，无须提供报表，无须发正式通知，也无须提供证明。

58.【答案】C

【解析】此为2023版教材修订内容。工程进度付款申请主要包括：人工费的申请和提交进度付款申请单。将人工费的申请和支付作为一个单独的条款进行明确，最大程度保障了工人权利。

59.【答案】C

60.【答案】C

【解析】此为2023版教材修订内容。

应分摊的生产工艺流程设计费 $= \dfrac{600+30}{1200+100}×30=14.54$（万元）。

二、多项选择题（共 20 题，每题 2 分。每题的备选项中，有 2 个或 2 个以上符合题意，至少有 1 个错项。错选，本题不得分；少选，所选的每个选项得 0.5 分）

61. 【答案】ABC

【解析】设备购置费是指购置或自制的达到固定资产标准的设备、工器具及生产家具等所需的费用。它由设备原价和设备运杂费构成。设备原价指国内采购设备的出厂（场）价格，或国外采购设备的抵岸价格，设备原价通常包含备品备件费在内，备品备件费指设备购置时随设备同时订货的首套备品备件所发生的费用；设备运杂费指除设备原价之外的关于设备采购、运输、途中包装及仓库保管等方面支出费用的总和。

62. 【答案】BE

【解析】工程防扬尘洒水费用属于环境保护费，施工现场范围内的临时简易道路铺设属于临时设施费，搅拌台的搭设、维修和拆除费属于临时设施费。

63. 【答案】BDE

64. 【答案】ABD

【解析】工程概预算的编制主要采用定额计价方法，是应用计价定额或指标对建筑产品价格进行计价的活动。按概算定额或预算定额计价的定额子目，逐项计算工程量，套用概预算定额（或单位估价表）的单价确定直接费（包括人工费、材料费、施工机具使用费），然后按规定的取费标准确定间接费（包括企业管理费、规费），再计算利润；加上材料价差后计算税金，经汇总后即为工程概预算价格。工程量清单计价的基本原理可以描述为：按照工程量清单计价规范规定，在各相应专业工程工程量计算规范规定的清单项目设置和工程量计算规则基础上，针对具体工程的设计图纸和施工组织设计计算出各个清单项目的工程量，根据规定的方法计算出综合单价，并汇总各清单合价得出工程总价。

65. 【答案】BCE

66. 【答案】CDE

【解析】施工过程的影响因素包括技术因素、组织因素和自然因素。其中组织因素包括施工组织与施工方法、劳动组织、工人技术水平、操作方法和劳动态度、工资分配方式、劳动竞赛等。

67. 【答案】ADE

68. 【答案】ACD

69. 【答案】ABE

【解析】此为 2023 版教材中修订内容。在项目的决策阶段，建设单位可以依靠 BIM 技术提升决策的智能化。BIM 的应用能够在位置选址、道路路线优化与选定规模时发挥作用。此外，将项目方案的进度安排、投资估算等数据指标与财务分析管理系统整合起来，还能提高建设方案的实时性。当项目的某个参数发生变化时，建设方案可以快速更新，同时项目的投资收益也会及时体现，为建设单位最终决策提供了充分依据。在项目发承包阶段，BIM 可以增强投标人技术方案的可视性。因此，答案 C 属于 BIM 技术在决策阶段的应用，答案 D 属于 BIM 技术在发承包阶段的应用。

70. 【答案】ABD

【解析】固定资产费用包括工程费用和固定资产其他费用，选项 A、B 均属于工程费用。固定资产其他费用主要包括建设管理费、可行性研究费、研究试验费、勘察设计费、专项评价及验收费、场地准备及临时设施费、引进技术和引进设备其他费、工程保险费、联合试运转费、特殊设备安全监督检验费和市政公用设施建设及绿化费等。

71. 【答案】AC

【解析】此为 2023 版教材增加内容。概算编制的市场化改革应包括三个方面的内容，其中市场化的造价数据包括两个方面：一是利用不同分类不同层级的工程造价指标，根据项目达到的设计深度建立建设项目分解清单，根据项目分解情况，通过项目特征匹配寻找可参考使用的工程造价指标，根据项目情况进行调整后完成概算编制；二是充分进行市场化的询价，重点针对基础性建材价格信息和劳务用工市场价格信息建立完成询价规则和机制，避免泛泛而问、撒网问价的"假询价"现象，通过保证基本建设资源价格的准确性和市场性，提高概算的精度。

72. 【答案】AB

【解析】选项 A，为了选用合理的施工组织设计和施工技术方案，需进行现场踏勘，以充分了解施工现场情况及工程特点；选项 B，工程量清单总说明包括工程概况、工程招标及分包范围、工程量清单编制依据、工程质量、材料、施工等的特殊要求。

73. 【答案】ABD

74. 【答案】CE

【解析】根据《建筑工程施工发包与承包计价管理办法》（住房城乡建设部令第 16 号），实行工程量清单计价的建筑工程，鼓励发承包双方采用单价方式确定合同价款；建设规模较小，技术难度较低，工期较短的建设工程，发承包双方可以采用总价方式确定合同价款；紧急抢险、救灾以及施工技术特别复杂的建设工程，发承包双方可以采用成本加酬金方式确定合同价款。

75. 【答案】ABC

76. 【答案】DE

77. 【答案】AE

【解析】承包人按合同约定接受了竣工结算支付证书后，应被认为已无权再提出在工程接收证书颁发前所发生的任何索赔。承包人在提交的最终结清申请中，只限于提出工程接收证书颁发后发生的索赔。提出索赔的期限自接受最终支付证书时终止。最终结清时，如果承包人被扣留的质量保证金不足以抵减发包人工程缺陷修复费用的，承包人应承担不足部分的补偿责任。

78. 【答案】ACDE

【解析】在索赔依据中，部门规章以及工程项目所在地的地方性法规或地方政府规章，也可以作为工程索赔的依据，但应当在施工合同专用条款中约定为工程合同的适用法律。对于工程建设的强制性标准，是合同双方必须严格执行的；对于非强制性标准，必须在合同中有明确规定的情况下，才能作为索赔的依据。

79. 【答案】DE

80. 【答案】ACD

【解析】财政部直接批复决算的范围包括：

（1）主管部门本级的投资额在 3000 万元（不含 3000 万元，按完成投资口径）以上的项目决算。

（2）不向财政部报送年度部门决算的中央单位项目决算。主要是指不向财政部报送年度决算的社会团体、国有及国有控股企业使用财政资金的非经营性项目和使用财政资金占项目资本比例超过 50% 的经营性项目决算。

专家权威详解

模拟题四答案与解析

一、单项选择题（共60题，每题1分。每题的备选项中，只有一个最符合题意）

1. 【答案】B

【解析】非生产性建设项目总投资不包括流动资金，因此其组成与工程造价构成是一样的，由建设投资和建设期利息组成。

2. 【答案】B

【解析】材料费＝材料净用量×(1+加工损耗系数)×单位材料综合价＝5×(1+5%)×5＝26.25（万元）；

加工费＝材料总用量×材料加工单价＝5×(1+5%)×0.6＝3.15（万元）；

辅助材料费＝材料费×辅助材料费指标＝26.25×10%＝2.625（万元）；

外购配套件费＝10（万元）；

包装费＝(26.25+3.15+2.625+10)×5%＝2.10（万元）；

利润＝(26.25+3.15+2.625+2.1)×10%＝3.41（万元）；

增值税＝(26.25+3.15+2.625+10+2.1+3.41)×13%＝6.18（万元）；

设备原价＝26.25+3.15+2.625+10+2.1+3.41+6.18＝53.72（万元）。

3. 【答案】C

4. 【答案】C

【解析】企业管理费是指施工企业组织施工生产和经营管理所发生的费用。管理人员工资既包括企业管理人员工资，也包括现场管理人员工资。

5. 【答案】C

【解析】此为2023版教材中增加内容。人工费本身是没有进项税额的，但若采用劳务分包的方式，无论劳务分包公司采用一般计税或简易计税方法，劳务分包合同额中的增值税都可以成为可抵扣增值税进项税额。

6. 【答案】D

【解析】配套设施费包括城市基础设施配套费和人民防空工程易地建设费。其中城市基础设施配套费是指建设单位向政府有关部门缴纳的，用于城市基础设施和城市公用设施建设的专项费用。

7. 【答案】C

8. 【答案】C

9. 【答案】C

10. 【答案】B

【解析】此为2023版教材增加知识点。从计价原理上看，定额计价与工程量清单计价均可以表示为工程量与单价乘积后的汇总。但两者之间也存在着明显的区别：定额计价与工程量清单计价的造价形成机制不同；定额计价与工程量清单计价的风险分担方式不同；计价的目的不同。

11. 【答案】A

12. 【答案】C

13. 【答案】D

14. 【答案】B

【解析】此为2023版教材修订内容。从本质上说，工程量清单计价是招标人为完成工程交易而提供的一套完整的实物量清单，投标人根据招标人提供的实物量清单中列明的项目名称、项目特征、计量单位和工程数量进行自主报价，只是根据不同的规范、标准或项目条件，可以有不同的项目名称设置要求、项目特征描述方式、计量单位的选择和工程数量的计算规则。

15. 【答案】A

【解析】低负荷下的工作时间是由于工人或技术人员的过错所造成的施工机械在降低负荷的情况下工作的时间。例如，工人装车的砂石数量不足引起的汽车在降低负荷的情况下工作所延续的时间。此项工作时间不能作为计算时间定额的基础。

16. 【答案】D

【解析】每立方米砖墙勾缝的基本工作时间 $= \dfrac{1}{0.49} \times 10 = 20.41$（min）$= 0.0425$（工日）；

工序作业时间 $= \dfrac{0.0425}{1-2\%} = 0.0434$（工日/m³）；

定额时间 $= \dfrac{0.0434}{1-3\%-2\%-15\%} = 0.054$（工日/m³）。

17. 【答案】C

18. 【答案】C

19. 【答案】D

【解析】"一票制"方式下，运输费采用与材料原价相同的方式扣除增值税进项税额。由于供应商为小规模纳税人，因此适用3%的征收率。

20. 【答案】B

21. 【答案】A

【解析】首先25个工程项目，最少要求的样本数量是5个（参见教材表2.6.10），因此题干中的样本数量符合要求。

按照单位造价进行排序，从序列两端各去掉5%的边缘项目，边缘项目不足1时按1计算。因此去除样本二和样本四的数据。剩余的数据以建筑面积为权重加权平均计算。

$$单位造价指标 = \left(\dfrac{3000 \times 6500 + 5000 \times 6600 + 6000 \times 6200 + 7000 \times 6500 + 9000 \times 6800}{3000 + 5000 + 6000 + 7000 + 9000} \right)$$
$$= 6546.67（元/m²）。$$

22. 【答案】A

【解析】建设工程造价指标的时间应符合下列规定：

（1）投资估算、设计概算、最高投标限价应采用成果文件编制完成日期；

（2）合同价应采用工程开工日期；

（3）结算价应采用工程竣工日期。

23. 【答案】D

【解析】由于题目中给出的设备购置费即为拟建项目的设备购置费，因此不需要再进行价格调差。拟建项目工程费用估算 $= 1.2 \times 60\% \times 2^{0.9} \times (1+8\%)^4 + 2 = 3.828$（亿元）。

24. 【答案】D

25. 【答案】C

【解析】安装费根据设备专业属性，可按以下方法估算：

1）工艺设备安装费估算。以单项工程为单元，根据单项工程的专业特点和各种具体的投资估算指标，采用按设备费百分比估算指标进行估算；或根据单项工程设备总重，采用以"t"为单位的综合单价指标进行估算。

2）工艺非标准件、金属结构和管道安装费估算。以单项工程为单元，根据设计选用的材质、规格，以"t"为单位，套用与其技术标准、材质和规格、施工方法相适应的投资估算指标或类似工程造价资料进行估算。

3）工业炉窑砌筑和保温工程安装费估算。以单项工程为单元，以"t、m^3 或 m^2"为单位，套用与其技术标准、材质和规格、施工方法相适应的投资估算指标或类似工程造价资料进行估算。

4）电气设备及自控仪表安装费估算。以单项工程为单元，根据该专业设计的具体内容，采用相适应的投资估算指标或类似工程造价资料进行估算，或根据设备台套数、变配电容量、装机容量、桥架重量、电缆长度等工程量，采用相应综合单价指标进行估算。

26. 【答案】A

【解析】固定资产费用是指项目投产时将直接形成固定资产的建设投资，包括工程费用和工程建设其他费用中按规定将形成固定资产的费用，后者被称为固定资产其他费用。

27. 【答案】D

28. 【答案】A

29. 【答案】D

30. 【答案】A

【解析】此为 2023 版教材修订内容。根据《建筑工程设计文件编制深度规定》，对于工业厂房、民用建筑、仓库及配套工程的新建、改建、扩建工程设计，一般应分为方案设计、初步设计和施工图设计三个阶段；对于技术要求相对简单的民用建筑工程，当有关主管部门在初步设计阶段没有审查要求，且合同中没有做初步设计的约定时，可在方案设计审批后直接进入施工图设计阶段。

31. 【答案】A

32. 【答案】C

33. 【答案】A

34. 【答案】C

35. 【答案】B

【解析】最高投标限价编制中，暂估价中的材料单价应按照工程造价管理机构发布的工程造价信息中的材料单价计算，工程造价信息未发布的材料单价，其单价参考市场价格估算；暂估价中的专业工程暂估价应区分不同专业，按有关计价规定估算。

36. 【答案】B

37. 【答案】A

【解析】投标报价是投标人希望达成工程承包交易的期望价格，它在不高于最高投标限价的前提下，既保证有合理的利润空间又使之具有一定的竞争性。作为投标报价计算的必要条件，应预先确定施工方案和施工进度，此外，投标报价计算还必须与采用的合同形式相协调。

38. 【答案】B

39. 【答案】A

【解析】投标保证金最高不超过项目估算价的2%，不设绝对额上限，因此投标保证金的数额为 $4500 \times 2\% = 90$（万元）。

40. 【答案】B

【解析】Ⅱ标段的评标价格 $= 4500 \times (1-5\%) = 4275$（万元）。

41. 【答案】A

【解析】招标人和中标人应当在投标有效期内并在自中标通知书发出之日起30日内，按照招标文件和中标人的投标文件订立书面合同。中标人无正当理由拒签合同的，招标人取消其中标资格，其投标保证金不予退还；给招标人造成的损失超过投标保证金数额的，中标人还应当对超过部分予以赔偿。发出中标通知书后，招标人无正当理由拒签合同的，招标人向中标人退还投标保证金；给中标人造成损失的，还应当赔偿损失。招标人最迟应当在与中标人签订合同后5日内，向中标人和未中标的投标人退还投标保证金及银行同期存款利息。

42. 【答案】D

【解析】此为2023版教材修订内容。工程总承包投标报价由工程费用、工程总承包其他费以及预备费组成。关于勘察设计费的计取，初步设计后发包的，由发包人负责详细勘察；承包人负责施工勘察以及施工图设计、专项设计工作，按规定取得相关部门的批准。

43. 【答案】A

44. 【答案】D

【解析】国际工程承包工程中一般保险项目有工程保险、第三者责任险、人身意外保险、材料和永久设备运输保险、施工机械设备保险，其中后3种险已计入人工、材料和永久设备、施工机械单价中，不能重复计算。

45. 【答案】B

46. 【答案】C

【解析】工程量减少了 $(1500-1200)/1500 = 20\%$，应该将综合单价调高。

报价浮动率 $= 1-4800/5000 = 4\%$。

350×（1-4%）×（1-15%）= 285.6 （元）＜405元，因此综合单价可不调整。

最终结算价格 =1200×405 = 486000 （元）。

47.【答案】D

48.【答案】A

【解析】信息价下跌，应以较低的投标价格为基础，计算合同约定的风险幅度值。

1000×（1-5%）= 950 （元/t）。

因此钢筋每吨应下调价格 = 950-900 = 50 （元/t）。

实际结算价格 =1000-50 = 950 （元/t）。

49.【答案】A

【解析】发包人原因造成承包人人员工伤事故只可补偿费用，不可补偿工期、利润。

50.【答案】A

【解析】现场签证是指发包人或其授权现场代表（包括工程监理人、工程造价咨询人）与承包人或其授权现场代表就施工过程中涉及的责任事件所做的签认证明。施工合同履行期间出现现场签证事件的，发承包双方应调整合同价款。

51.【答案】B

【解析】按合同文件所规定的方法、范围、内容和单位计量。工程计量的方法、范围、内容和单位受合同文件所约束，其中工程量清单（说明）、技术规范、合同条款均会从不同角度、不同侧面涉及这方面的内容。在计量中要严格遵循这些文件的规定，并且一定要结合起来使用。

52.【答案】C

53.【答案】C

【解析】采用总价合同的，应在合同总价基础上，对合同约定能调整的内容及超过合同约定范围的风险因素进行调整；采用单价合同的，在合同约定风险范围内的综合单价应固定不变，并应按合同约定进行计量，且应按实际完成的工程量进行计量。此外，发承包双方在工程实施过程中已经确认的工程计量结果和合同价款，在竣工结算办理中应直接进入结算。

54.【答案】B

【解析】发承包双方或一方不同意暂定结果的，应以书面形式向总监理工程师或造价工程师提出，说明自己认为正确的结果，同时抄送另一方，此时该暂定结果成为争议。在暂定结果不实质影响发承包双方当事人履约的前提下，发承包双方应实施该结果，直到其按照发承包双方认可的争议解决办法被改变为止。因此答案C不正确。

55.【答案】A

【解析】发包人具有下列情形之一，造成建设工程质量缺陷，应当承担过错责任：

（1）提供的设计有缺陷；

（2）提供或者指定购买的建筑材料、建筑构配件、设备不符合强制性标准；

（3）直接指定分包人分包专业工程。

56.【答案】A

【解析】鉴定项目合同对计价依据、计价方法约定条款前后矛盾的，鉴定人应提请委托人决定适用条款；委托人暂不明确的，鉴定人应按不同的约定条款分别作出鉴定意见，供委托人判断使用。

57.【答案】A

【解析】此为 2023 版教材增加内容。变更指示造成下列影响的，承包人应向工程师发出通知：①降低工程的安全性、稳定性或适用性；②涉及的工作内容和范围不可预见；③所涉设备难以采购；④对承包人正常雇佣劳工及工资支付、安全文明施工、职业健康、环境保护等产生实质性影响；⑤造成工期延误；⑥与承包人的一般义务相冲突。

58.【答案】A

【解析】此为 2023 版教材增加内容。若承包商未能按期收到相应款项，承包商有权获得延误支付期间未支付金额的融资费用，该融资费用按月复利计算，延误支付期间以合同规定的应支付截止日期开始计算。暂停工作或终止合同不妨碍承包商获得延误支付款项的融资费用的权利。若业主未提供资金安排的证明，承包商向业主发出暂停工作通知后 42 天内仍未收到业主关于资金安排的合理证据的情况下，承包商可向业主表明终止合同的意向，因此答案 C 不正确。

59.【答案】A

【解析】基本建设项目概况表用来综合反映基本建设项目的基本概况，内容包括该项目总投资、建设起止时间、新增生产能力、主要材料消耗、建设成本、完成主要工程量和主要技术经济指标。

60.【答案】C

二、多项选择题（共 20 题，每题 2 分。每题的备选项中，有 2 个或 2 个以上符合题意，至少有 1 个错项。错选，本题不得分；少选，所选的每个选项得 0.5 分）

61.【答案】BC

【解析】在 FOB 交货方式下，卖方的基本义务有：在合同规定的时间或期限内，在装运港按照习惯方式将货物交到买方指派的船上，并及时通知买方；自负风险和费用，取得出口许可证或其他官方批准证件，在需要办理海关手续时，办理货物出口所需的一切海关手续；负担货物在装运港至装上船为止的一切费用和风险；自付费用提供证明货物已交至船上的通常单据或具有同等效力的电子单证。

62.【答案】ABCD

63.【答案】CD

【解析】场地准备费及临时设施费的内容：

1）建设项目场地准备费是指为使工程项目的建设场地达到开工条件，由建设单位组织进行的场地平整等准备工作而发生的费用。

2）建设单位临时设施费是指建设单位为满足施工建设需要而提供的未列入工程费用的临时水、电、路、信、气、热等工程和临时仓库等建（构）筑物的建设、维修、拆除、摊销费用或租赁费用，以及货场、码头租赁等费用。

64.【答案】ACD

65.【答案】ACDE

66.【答案】BD

【解析】这是一道复合型的题目。答案 B 属于不可避免的无负荷工作时间；其与答案 D 工人休息引起的不可避免中断时间一起，都属于必须消耗的时间，应计入定额时间。

67.【答案】BDE

【解析】施工机械台班单价和施工仪器仪表台班单价组成内容的异同是常见的考点之一，考生应注意掌握。

68.【答案】BD

69.【答案】BCD

【解析】此为 2023 版教材增加内容。房屋建筑工程的通用特征信息中，必须描述的通用特征包括建设性质（新建或扩建）、结构类型、抗震等级、建筑面积、檐高、层数、层高、装修标准等。房屋建筑中的居住建筑，必须描述的分类特征信息包括居住建筑分类（普通住宅、别墅、公寓、养老地产、集体宿舍等）、高度类型（低层或多层、高层、超高层）、居住建筑档次（高、中、低档）等。

70.【答案】AD

【解析】在技改项目中，可采用生产能力平衡法来确定合理生产规模。最大工序生产能力法是以现有最大生产能力的工序为标准，逐步填平补齐，成龙配套，使之满足最大生产能力的设备要求。最小公倍数法是以项目各工序生产能力或现有标准设备的生产能力为基础，并以各工序生产能力的最小公倍数为准，通过填平补齐，成龙配套，形成最佳的生产规模。

71.【答案】AB

72.【答案】ACD

73.【答案】AE

74.【答案】DE

【解析】此为 2023 版教材增加内容。目前，常用的定标方法包括价格竞争定标法、票决定标法、集体议事法等。集体议事法是指定标委员会进行集体商议，定标委员各自发表意见，最终由定标委员会组长确定中标人的定标方法。该方法实质是赋予招标人的法定代表人或者主要负责人个人定标权。

75.【答案】BD

76.【答案】DE

【解析】选项 D，在计算调整差额时得不到现行价格指数的，可暂用上一次价格指数计算，并在以后的付款中再按实际价格指数进行调整。选项 E，按变更范围和内容所约定的变更，导致原定合同中的权重不合理时，由承包人和发包人协商后进行调整。

77.【答案】ABCE

78.【答案】ABE

【解析】当事人对欠付工程价款利息计付标准有约定的，按照约定处理；没有约定的，按照同期同类贷款利率或者同期贷款市场报价利率计息。

79.【答案】DE

【解析】此为 2023 版教材修订内容。期中支付报表的第一项为"直至支付周期末承包商已完成的工程以及提供的文件的估价"，一般应列明前期累计金额、当期金额和截至目前累计金额，包括变更工作在内。

80.【答案】ACD

【解析】竣工财务决算说明书和竣工财务决算报表两部分又称建设项目竣工财务决算，是竣工决算的核心内容。"项目建设资金使用、项目结余资金等分配情况""预备费动用情况"属于竣工财务决算说明书的内容，"待核销基建支出明细表"属于竣工财务决算报表的内容。

模拟题五答案与解析

一、单项选择题（共 60 题，每题 1 分。每题的备选项中，只有一个最符合题意）

1. 【答案】D

【解析】流动资金指为进行正常生产运营，用于购买原材料、燃料、支付工资及其他运营费用等所需的周转资金。在可行性研究阶段用于财务分析时计为全部流动资金，在初步设计及以后阶段用于计算"项目报批总投资"或"项目概算总投资"时计为铺底流动资金。铺底流动资金是指生产经营性建设项目为保证投产后正常的生产运营所需，在项目资本金中筹措的自有流动资金。

2. 【答案】C

3. 【答案】B

【解析】关税＝到岸价×关税税率＝1000×20%＝200（万元）

消费税＝［（到岸价＋关税）/（1－消费税率）］×消费税率

＝［（1000＋200）/（1－10%）］×10%＝133.33（万元）

增值税＝(到岸价＋关税＋消费税)×增值税率＝(1000＋200＋133.33)×13%＝173.33（万元）

4. 【答案】D

【解析】安装工程费包括：

1）生产、动力、起重、运输、传动和医疗、实验等各种需要安装的机械设备的装配费用，与设备相连的工作台、梯子、栏杆等设施的工程费用，附属于被安装设备的管线敷设工程费用，以及被安装设备的绝缘、防腐、保温、油漆等工作的材料费和安装费。

2）为测定安装工程质量，对单台设备进行单机试运转、对系统设备进行系统联动无负荷试运转工作的调试费。

5. 【答案】C

【解析】地上、地下设施、建筑物的临时保护设施费是指在工程施工过程中，对已建成的地上、地下设施和建筑物进行的遮盖、封闭、隔离等必要保护措施所发生的费用；已完工程及设备保护费是指竣工验收前，对已完工程及设备采取的覆盖、包裹、封闭、隔离等必要保护措施所发生的费用。

6. 【答案】A

【解析】研究试验费中不包括以下项目：

（1）应由科技三项费用（即新产品试制费、中间试验费和重要科学研究补助费）开支的项目。

（2）应在建筑安装费用中，列支的施工企业对建筑材料、构件和建筑物进行一般鉴定、检查所发生的费用及技术革新的研究试验费。

（3）应由勘察设计费或工程费用中开支的项目。

7. 【答案】B

【解析】在城市规划区内国有土地上实施房屋拆迁，拆迁人应当对被拆迁人给予补偿、安置。拆迁补偿费包括拆迁补偿金和迁移补偿费。

8. 【答案】D

【解析】价差预备费计算基数 = 8000+1500+500 = 10000（万元）；

第一年价差预备费 = $10000/2 \times [(1+4\%)^{1+0.5-0.5}-1] = 200$（万元）；

第二年价差预备费 = $10000/2 \times [(1+4\%)^{2+0.5-0.5}-1] = 408$（万元）；

价差预备费 = 200+408 = 608.0（万元）。

9. 【答案】D

【解析】$q_1 = (500 \div 2) \times 10\% = 25$（万元）；

$q_2 = (525+1000 \div 2) \times 10\% = 102.5$（万元）；

$q_3 = (525+1102.5+300 \div 2) \times 10\% = 177.75$（万元）；

建设期利息 = 25+102.5+177.75 = 305.25（万元）。

10. 【答案】B

【解析】此为2023版教材修订内容。《建设项目工程总承包计价规范》T/CCEAS 001由中国建设工程造价管理协会发布，属于团体标准。其余三项均属于国家推荐性标准，属于管理规范类。

11. 【答案】A

【解析】此为2023版教材修订内容。工程概预算的编制主要采用定额计价方法，是应用计价定额或指标对建筑产品价格进行计价的活动。按概算定额或预算定额的定额子目，逐项计算工程量，套用概预算定额（或单位估价表）的单价确定直接费（包括人工费、材料费、施工机具使用费），然后按规定的取费标准确定间接费（包括企业管理费、规费），再计算利润，加上材料价差后计算税金。经汇总后即为工程概预算价格。

12. 【答案】B

【解析】在编制工程量清单时，当出现工程量计算规范附录中未包括的清单项目时，编制人应作补充。在编制补充项目时应注意以下三个方面。

1）补充项目的编码应按工程量计算规范的规定确定；

2）在工程量清单中应附补充项目的项目名称、项目特征、计量单位、工程量计算规则和工作内容；

3）将编制的补充项目报省级或行业工程造价管理机构备案。

13. 【答案】A

14. 【答案】D

【解析】此为2023版教材增加内容。由于建设项目交易时点的不确定，尤其是在我国大力推行工程总承包方式后，交易时点被前移至初步设计或扩大初步设计阶段。为满足不同交易时点的需要，工程量清单的项目设置规则应具备多样性。因此，工程量清单的发展方向应是建立多层级工程量清单，形成以清单计价规范和各专（行）业工程量计算规范配套使用的清单规范体系，满足不同设计深度、不同复杂程度、不同承包方式及不同管理需求下工程计价的需要。

15.【答案】A

【解析】抹灰工补上偶然遗留的墙洞消耗的时间是偶然工作时间，属于损失时间，但可以在编制定额时予以适当考虑。

16.【答案】B

【解析】每立方米砖墙勾缝的基本工作时间 $=\dfrac{1}{0.365} \times 8 = 21.92$（min）$= 0.0457$（工日）；

工序作业时间 $=\dfrac{0.0457}{1-5\%} = 0.0481$（工日/m³）；

定额时间 $=\dfrac{0.0481}{1-4\%-3\%-15\%} = 0.062$（工日/m³）；

产量定额 $=\dfrac{1}{0.062} = 16.226$（m³/工日）。

17.【答案】D

18.【答案】A

19.【答案】B

【解析】台班人工费 = 人工消耗量 × [1+（年制度工作日−年工作台班）/年工作台班] × 人工单价 = 2 × [1+（250−220）/220] × 100 = 227.27（元）。

20.【答案】D

21.【答案】A

【解析】建设工程具有多样性的特点，要使工程造价管理的信息资料满足不同特点项目的需求，在信息的内容和形式上应具有多样性的特点。

22.【答案】B

【解析】此为2023版教材增加内容。建设项目总投资指标和建设项目投资明细指标的关系如下图所示。

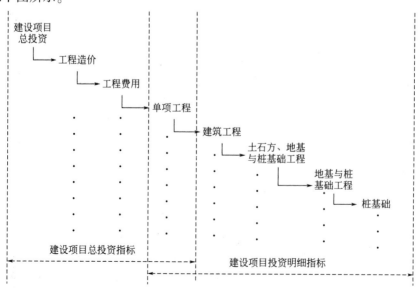

建设项目总投资指标与建设项目投资明细指标的关系

23.【答案】B

24.【答案】C

25.【答案】C

【解析】投资估算分析应包括以下内容：工程投资比例分析；各类费用构成占比分析；分析影响投资的主要因素；与类似工程项目的比较，对投资总额进行分析。

26.【答案】A

27.【答案】C

【解析】为降低建筑周长系数，一般都建造矩形和正方形住宅，既有利于施工，又能降低造价，且使用方便。在矩形住宅建筑中，又以长：宽＝2：1为佳。一般住宅单元以3~4个住宅单元、房屋长度60~80m较为经济。

28.【答案】B

【解析】《政府投资条例》规定：初步设计提出的投资概算超过经批准的可行性研究报告提出的投资估算10%的，项目单位应当向投资主管部门或者其他有关部门报告，投资主管部门或者其他有关部门可以要求项目单位重新报送可行性研究报告。政府投资项目建设投资原则上不得超过经核定的投资概算。因国家政策调整、价格上涨、地质条件发生重大变化等原因确需增加投资概算的，项目单位应当提出调整方案及资金来源，按照规定的程序报原初步设计审批部门或者投资概算核定部门核定。概算调整幅度超过原批复概算10%的，概算核定部门原则上先商请审计机关进行审计，并依据审计结论进行概算调整。

29.【答案】C

【解析】单项工程综合概算表应包括建筑工程费、安装工程费、设备及工器具购置费。

30.【答案】A

31.【答案】A

32.【答案】A

33.【答案】B

34.【答案】B

35.【答案】D

【解析】暂列金额设置时的影响因素、暂列金额的计算基数和费率范围是最高投标限价暂列金额编制中常考的三个知识点。

36.【答案】B

37.【答案】A

【解析】询价是投标报价中的一个重要环节。工程投标活动中，投标人不仅要考虑投标报价能否中标，还应考虑中标后所承担的风险。因此，在报价前必须通过各种渠道，采用各种方式对所需人工、材料、施工机具等要素进行系统的调查，掌握各要素的价格、质量、供应时间、供应数量等数据。这个过程称为询价。询价除需要了解生产要素价格外，还应了解影响价格的各种因素，这样才能够为报价提供可靠的依据。

38.【答案】B

39. 【答案】A

40. 【答案】A

【解析】投标报价有算术错误的，评标委员会按以下原则对投标报价进行修正，修正的价格经投标人书面确认后具有约束力。投标人不接受修正价格的，其投标被否决。

41. 【答案】A

【解析】答案 A 的表述其实并不完整，完整表达应是"招标人最迟应当在与中标人签订合同后 5 日内，向中标人和未中标的投标人退还投标保证金及银行同期存款利息"。但相比其他三个答案，A 答案已是最符合题意的答案，因此选择 A 答案。

42. 【答案】B

【解析】此为 2023 版教材增加内容。根据团体标准《建设项目工程总承包计价规范》T/CCEAS 001 的规定，具有下列情形时，发包人不宜采用设计采购施工总承包（EPC）模式，而推荐采用设计施工总承包（DB）模式。

1）投标人没有足够的时间或信息仔细审核发包人要求，或没有足够的时间或信息进行设计、风险评估和估价；

2）施工涉及实质性地下工程或投标人无法检查地区其他区域的工程；

3）发包人要密切监督或控制承包人的工作，或审查大部分施工图纸。

43. 【答案】B

【解析】在世界银行贷款项目采购程序中，评标主要是对标书的报价、其他因素，以及是否符合招标程序和技术要求进行评比，而不是对投标人是否具备实施合同的经验、财务能力和技术能力的资格进行评审。

44. 【答案】A

【解析】国际工程报价中，对分包费的处理有两种方法：一种是将分包费列入直接费中，即考虑间接费时包含了对分包的管理费；另一种是将分包费与直接费、间接费平行计列，在估算分包费时适当加入对分包商的管理费即可。

45. 【答案】B

46. 【答案】D

【解析】当应予计算的实际工程量与招标工程量清单出现偏差（包括因工程变更等原因导致的工程量偏差）超过 15%，且该变化引起措施项目相应发生变化，如该措施项目是按系数或单一总价方式计价的，对措施项目费的调整原则为：工程量增加的，措施项目费调增；工程量减少的，措施项目费调减。答案 A、B 都是不准确的，因为单价措施项目会随着工程量变化超过一定幅度而调整单价，工程量增加会调低单价，工程量减少会调高单价。但就措施项目费总额来说，与工程量的变动方向应是一致的。

47. 【答案】A

【解析】基本价格指数应采用 2018 年 2 月价格指数，现行价格指数应采用 2019 年 2 月价格指数。

$$调差额 = 200 \times \left[0.15 + \left(0.45 \times \frac{110.1}{100} + 0.11 \times \frac{98}{100.8} + 0.11 \times \frac{112.9}{102} + 0.05 \times \frac{95.9}{93.6} + 0.06 \times \frac{98.9}{100.2} + \right. \right.$$

$$0.03\times\frac{91.1}{95.4}+0.04\times\frac{117.9}{93.4}\Bigg)-1\Bigg]$$

$=12.75$（万元）。

48.【答案】C

49.【答案】D

【解析】如果在工程竣工之前，合同工程内的某单项（或单位）工程已通过了竣工验收，且该单项（或单位）工程接收证书中表明的竣工日期并未延误，而是合同工程的其他部分产生了工期延误，则误期赔偿费应按照已颁发工程接收证书的单项（或单位）工程造价占合同价款的比例幅度予以扣减。

50.【答案】A

51.【答案】B

52.【答案】D

53.【答案】B

【解析】此为2023版教材修订知识点。考生应注意的是，"发承包双方未确认应调整款项的资料"虽然未经确认，尚未达成一致，但只要承包人认为应当获得支付，则可以纳入竣工结算文件，报请发包人同意确认。

54.【答案】D

55.【答案】C

【解析】发包人具有下列情形之一，造成建设工程质量缺陷，应当承担过错责任：

（1）提供的设计有缺陷；

（2）提供或者指定购买的建筑材料、建筑构配件、设备不符合强制性标准；

（3）直接指定分包人分包专业工程。

建设工程未经竣工验收，发包人擅自使用后，又以使用部分质量不符合约定为由主张权利的，不予支持；但是承包人应当在建设工程的合理使用寿命内对地基基础工程和主体结构质量承担民事责任。

56.【答案】B

【解析】一方当事人对双方当事人已经签认的某一工程项目的计量结果有异议的，鉴定人应按以下规定进行鉴定：

（1）当事人一方仅提出异议未提供具体证据的，按原计量结果进行鉴定；

（2）当事人一方既提出异议又提出具体证据的，应对原计量结果进行复核，必要时可到现场复核，按复核后的计量结果进行鉴定。

57.【答案】D

【解析】《建设项目工程总承包合同（示范文本）》GF—2020—0216规定，将人工费的申请和支付作为一个单独条款进行明确，最大程度保障了工人权利。

58.【答案】D

【解析】此为2023版教材修订内容。业主一般会在期中支付时按约定的比例扣减一定金额作为保留金（一般为当期期中支付证书的10%），直至保留金扣减累积达到一定的限额（一般为中标合同金额的5%）。保留金计算基数仅应考虑影响合同价格的金额（实施的工程价值、根据合同进行的价格调整和其他金额增减），不影响合同价格的金额（预付款、工程材料、设备预支款）不应考虑。承包商也可以选择用保留金保函置换保留金。

59.【答案】A

【解析】待核销基建支出，若形成资产产权归属本单位的，计入交付使用资产价值；形成产权不归属本单位的，作为转出投资处理。

60.【答案】C

二、多项选择题（共 20 题，每题 2 分。每题的备选项中，有 2 个或 2 个以上符合题意，至少有 1 个错项。错选，本题不得分；少选，所选的每个选项得 0.5 分）

61.【答案】ACE

62.【答案】ABC

【解析】此为 2023 版教材增加内容。最主要的增值税抵扣凭证是增值税专用发票，包括采用简易计税方法的供应商从税务机关代开的增值税专用发票。此外可以作为增值税抵扣凭证的还有海关进口增值税缴款书以及农产品收购发票等。有时材料采购部门可能会为了价格低廉采购不取得增值税专用发票的材料，此时需要进行审慎选择，判断其与为了取得增值税专用发票而支付较高的采购价格哪种方案对承包人最为有利。因此答案 D、E 不正确。

63.【答案】BDE

64.【答案】AC

【解析】住房和城乡建设部办公厅于 2020 年 7 月 24 日印发了《工程造价改革工作方案》，该方案指出：完善工程计价依据发布机制。加快转变政府职能，优化概算定额、估算指标编制发布和动态管理，取消最高投标限价按定额计价的规定，逐步停止发布预算定额。

65.【答案】AB

66.【答案】BD

【解析】基本工作时间是工人完成生产一定产品的施工工艺过程所消耗的时间。通过这些工艺过程可以使材料改变外形，如钢筋煨弯等；可以使预制构配件安装组合成型；也可以改变产品外部及表面的性质，如粉刷、油漆等。基本工作时间所包括的内容依工作性质各不相同。基本工作时间的长短和工作量大小成正比例。

67.【答案】ABD

【解析】考生应注意区分施工机械台班单价和施工仪器仪表台班单价组成内容的区别。

68.【答案】BD

69.【答案】ABC

【解析】此为 2023 版教材修订内容。工程大数据为规范工程发承包市场提供有效数据支持。为建设主管部门的政策制定和评估，以及对施工单位、设计单位等市场主体的行为治理提供了重要支持。主要包括三个方面：①为主管部门规范工程发承包市场提供依据；②可用于识别并治理围标串标等违法行为；③为投标人合理报价提供决策支持。

70.【答案】BCD

【解析】工程投资比例分析和影响投资的主要因素分析属于投资估算分析的内容。

71.【答案】BDE

【解析】设计概算的编制内容包括静态投资和动态投资两个层次。静态投资作为考核工程设计和施工图预算的依据；动态投资作为项目筹措、供应和控制资金使用的限额。

72.【答案】BCD

73.【答案】BDE

74.【答案】DE

【解析】资格评审标准的内容包括：应具备有效的营业执照，具备有效的安全生产许可证，并且资质等级、财务状况、类似项目业绩、信誉、项目经理、其他要求、联合体投标人等均符合规定。如果是已进行资格预审的，仍按资格审查办法中详细审查标准来进行。

75.【答案】BDE

【解析】当采用通过市场调查等取得的有合法依据的市场价格进行变更组价时，无须考虑报价浮动率。

76.【答案】BD

77.【答案】ABCE

78.【答案】ACE

【解析】对于发包人要求承包人垫资施工部分的工程价款结算处理意见：①当事人对垫资和垫资利息有约定，承包人请求按照约定返还垫资及其利息的，人民法院应予支持，但是约定的利息计算标准高于垫资时的同期贷款市场报价利率的部分除外。②当事人对垫资没有约定的，按照工程欠款处理。③当事人对垫资利息没有约定，承包人请求支付利息的，人民法院不予支持。当事人就同一建设工程订立的数份建设工程施工合同均无效，但建设工程质量合格，一方当事人请求参照实际履行的合同关于工程价款的约定折价补偿承包人的，人民法院应予支持。

79.【答案】ACE

【解析】暂估价是指发包人在项目清单中给定的，用于支付必然发生但暂时不能确定价格的专业服务、材料、设备、专业工程的金额。

80.【答案】ABD

模拟题六答案与解析

一、单项选择题（共60题，每题1分。每题的备选项中，只有一个最符合题意）

1. 【答案】B

2. 【答案】D

【解析】外贸手续费＝到岸价×外贸手续费率＝$\dfrac{300\times6.7\times(1+5\%)}{1-1.5\%}\times1.5\%=32.14$（万元）。

3. 【答案】C

4. 【答案】D

【解析】不同的应予计量措施项目工程量的计算单位是不同的，分列如下：

1）脚手架费通常按建筑面积或垂直投影面积以"m^2"计算；

2）混凝土模板及支架（撑）费通常是按照模板与现浇混凝土构件的接触面积以"m^2"计算；

3）垂直运输费可根据不同情况采用两种方法进行计算：①按照建筑面积以"m^2"为单位计算；②按照施工工期日历天数以"天"为单位计算。

4）超高施工增加费通常按照建筑物超高部分的建筑面积以"m^2"为单位计算。

5）大型机械设备进出场及安拆费通常按照机械设备的使用数量以"台次"为单位计算。

6）施工排水、降水费分两个不同的独立部分计算：①成井费用通常按照设计图示尺寸以钻孔深度"m"计算；②排水、降水费用通常按照排、降水日历天数以"昼夜"计算。

5. 【答案】C

【解析】设无差别平衡点可抵扣进项税额为x，由于5000万元为不含税合同价格，因此

$$5000\times9\%-x=5000\times3\%-1500\times\dfrac{3\%}{1+3\%}$$

$$x=343.69\text{（万元）}>320\text{万元}$$

故，应该选择简易计税方法。

6. 【答案】C

【解析】新建项目的场地准备和临时设施费应根据实际工程量估算，或按工程费用的比例计算。改扩建项目一般只计拆除清理费。

7. 【答案】D

【解析】联合试运转费是对整个生产线或装置进行负荷联合试运转所发生的费用净支

出（试运转支出大于收入的差额部分费用）。试运转支出包括试运转所需原材料、燃料及动力消耗、低值易耗品、其他物料消耗、工具用具使用费、机械使用费、联合试运转人员工资、施工单位参加试运转人员工资、专家指导费以及必要的工业炉烘炉费等。联合试运转费不包括应由设备安装工程费用开支的调试及试车费用，以及在试运转中暴露出来的因施工原因或设备缺陷等发生的处理费用。

8.【答案】D

9.【答案】C

【解析】因为是年初贷款，所以全年计息：

第一年利息＝3000×10%＝300（万元）；

第二年利息＝（3000+300+2000）×10%＝530（万元）；

建设期利息总和＝300+530＝830（万元）。

10.【答案】A

【解析】在教材图 2.1.2 中，应注意掌握项目编码的确定和计量单位的确定与设计图纸、施工组织设计、施工规范和验收规范是无关的。

11.【答案】A

12.【答案】B

【解析】此为 2023 版教材增加内容。模拟工程量清单实质上是在工程设计图没有或不完备情况下工程量清单的替代方式。其与现行计价规范中标准工程量清单最大的不同就是编制基础不同。工程量清单的编制基础是构成工程实体的各部分实物工程量，而模拟工程量清单则是依据业主的概念设计，参照类似工程的清单项目和技术指标进行编制的暂估工程量清单。

13.【答案】A

【解析】有些措施项目是可以计算工程量的项目，如脚手架工程，混凝土模板及支架（撑），垂直运输，超高施工增加，大型机械设备进出场及安拆，施工排水、降水等，这类措施项目按照分部分项工程项目清单的方式采用综合单价计价，更有利于措施费的确定和调整。

14.【答案】D

【解析】在总承包服务费计价表中，项目名称、服务内容由招标人填写，编制最高投标限价时，费率及金额由招标人按有关计价规定确定；投标时，费率及金额由投标人自主报价，计入投标总价中。

15.【答案】C

【解析】熟悉图纸属于任务的准备和结束时间，而准备与结束工作时间的长度与所担负的工作大小无关，但往往和工作内容有关。

16.【答案】C

【解析】根据空心砌块的尺寸，可知砌块净用量的计算公式为：

$$空心砌块消耗量=\frac{1}{0.365\times(0.29+0.01)\times(0.24+0.01)}\times1.5\times2\times(1+1.5\%)$$
$$=111.233（块）$$

空心砌块体积=111.233×0.29×0.24×0.115=8.903（m³）。

17.【答案】B

【解析】随着信息技术的发展，计时观察的基本原理不变，但可采用更为先进的技术手段进行观测。例如，通过物联网智能设备实时采集施工现场数据，借助大数据分析技术，形成准确动态的资源消耗量、实物产量、劳务产出等数据。

18.【答案】D

19.【答案】C

【解析】台班人工费 $=2\times\left(1+\dfrac{250-230}{230}\right)\times110=239.13$（元/台班）。

20.【答案】A

21.【答案】A

22.【答案】D

【解析】此为2023版教材中修订内容。按照工程造价指标的层级的不同，建设工程造价指标可分为建设项目总投资指标和建设项目投资明细指标：①建设项目总投资指标是以建设项目为单位计算的总金额、总指标，是建设项目的全部费用的指标。各类费用分别计算得出单位造价、造价占比并汇总；②建设项目投资明细指标是由多个单位工程或多个层级子项逐项计算得出同层级的单位造价、造价占比，由多个单位工程或多个层级子项汇总成单项工程的单位造价、造价占比，由多个单项工程汇总成建设项目的单位造价、造价占比等。

23.【答案】D

24.【答案】A

25.【答案】D

【解析】静态投资额 $=5\times\left(\dfrac{30}{10}\right)^{0.75}\times(1+8\%)^4=15.51$（亿元）。

26.【答案】A

【解析】流动资金=150+30+200+60-80-50=310（万元）。

27.【答案】C

【解析】层数与造价的关系如下表所示。

砖混结构多层住宅层数与造价的关系

住宅层数	1	2	3	4	5	6
单方造价系数（%）	138.05	116.95	108.38	103.51	101.68	100
边际造价系数（%）		-21.1	-8.57	-4.87	-1.83	-1.68

由上表可知，随着住宅层数的增加，单方造价系数在逐渐降低，即层数越多越经济。但是边际造价系数也在逐渐减小（指表格中数据的绝对值），说明随着层数的增加，单方造价系数下降幅度减缓。

28.【答案】B

29.【答案】D

【解析】在各种概算编制的方法中，均采用全费用单价。因此，在汇总后不需要计取其他费用。

30. 【答案】B

31. 【答案】C

32. 【答案】B

33. 【答案】B

34. 【答案】B

【解析】对于招标发包的项目，即以招标投标方式签订的合同中，应以中标时确定的金额为签约合同价；对于直接发包的项目，如按初步设计总概算投资包干时，应以经审批的概算投资中与承包内容相应部分的投资（包括相应的不可预见费）为签约合同价；如按施工图预算包干，则应以审查后的施工图预算或综合预算为签约合同价。

35. 【答案】C

【解析】《招标投标法实施条例》规定，招标人可以自行决定是否编制标底，一个招标项目只能有一个标底，标底必须保密。同时规定，招标人设有最高投标限价的，应当在招标文件中明确最高投标限价（或者最高投标限价的计算方法），招标人不得规定最低投标限价。

36. 【答案】B

37. 【答案】A

38. 【答案】C

39. 【答案】C

【解析】对于法律、法规、规章或有关政策出台导致工程税金、规费、人工费发生变化，并由省级、行业建设行政主管部门或其授权的工程造价管理机构根据上述变化发布的政策性调整，以及由政府定价或政府指导价管理的原材料等价格进行了调整，承包人不应承担此类风险，应按照有关调整规定执行。

40. 【答案】B

41. 【答案】B

42. 【答案】D

【解析】在编制工程总承包招标文件时，发包人要求应尽可能清晰准确，列明项目的目标、范围、功能需求、设计和其他技术标准，对于可以进行定量评估的工作，发包人要求不仅应明确，并且要规定偏离的范围和计算方法，以及检验、试验、试运行的具体要求。主要包括：项目的内容、范围、规模、标准、功能、质量、安全、节约能源、生态环境保护、工期、验收等的明确要求。对于承包人负责提供的有关设备和服务，对发包人人员进行培训和提供一些消耗品等，在发包人要求中应一并明确规定。

43. 【答案】B

44. 【答案】B

【解析】总承包投标文件的内容中，承包人建议书包括图纸、工程详细说明、设备方案、分包方案、对发包人要求错误的说明等；承包人实施计划，包括概述、总体实施方案、项目实施要点、项目管理要点等。

45.【答案】D

【解析】任一计日工项目实施结束，承包人应按照确认的计日工现场签证报告核实该类项目的工程数量，并根据核实的工程数量和承包人已标价工程量清单中的计日工单价计算，提出应付价款；已标价工程量清单中没有该类计日工单价的，由发承包双方按工程变更的有关规定商定计日工单价计算。

46.【答案】D

47.【答案】C

48.【答案】D

【解析】工程施工合同是工程索赔中最关键和最主要的依据，工程施工期间，发承包双方关于工程的洽商、变更等书面协议或文件，也是索赔的重要依据。

49.【答案】A

【解析】承包人在施工过程中，若发现合同工程内容因场地条件、地质水文、发包人要求等不一致时，应提供所需的相关资料，提交发包人签证认可，作为合同价款调整的依据。

50.【答案】B

51.【答案】C

52.【答案】D

【解析】此为2023版教材增加内容。施工过程结算主要针对当年开工、当年不能竣工的新开工项目。是指发承包双方通过合同约定，将施工过程按时间或进度节点划分施工周期，对周期内已完成且无争议的工程量（含变更、索赔等）进行工程进度款计算、确认和支付，支付金额不得超出已完工部分对应的批复概（预）算。经双方确认的过程结算文件作为竣工结算文件的组成部分，竣工后原则上不再重复审核。施工过程结算更加强调对已完工程量要及时进行工程进度款的确认与支付，并应将已经确认的过程结算文件作为竣工结算的依据，以减少工程实践中在竣工时进行全面的竣工结算审核，其本质上与各合同范本中约定的期中结算主要目的是一致的。

53.【答案】B

【解析】发包人应在工程开工后的28天内预付不低于当年施工进度计划的安全文明施工费总额的60%，其余部分按照提前安排的原则进行分解，与进度款同期支付。发包人没有按时支付安全文明施工费的，承包人可催告发包人支付；发包人在付款期满后的7天内仍未支付的，若发生安全事故，发包人应承担连带责任。

54.【答案】A

【解析】利息从应付工程价款之日计付。当事人对付款时间没有约定或者约定不明的，下列时间视为应付款时间：

（1）建设工程已实际交付的，为交付之日；

（2）建设工程没有交付的，为提交竣工结算文件之日；

（3）建设工程未交付，工程价款也未结算的，为当事人起诉之日。

55.【答案】C

【解析】当事人对工程量有争议的，按照施工过程中形成的签证等书面文件确认。承包人能够证明发包人同意其施工，但未能提供签证文件证明工程量发生的，可以按照当事人提供的其他证据确认实际发生的工程量。

56.【答案】C

【解析】委托人认为鉴定项目合同有效的，鉴定人应根据合同约定进行鉴定。委托人认为鉴定项目合同无效的，鉴定人应按照委托人的决定进行鉴定。鉴定项目合同对计价依据、计价方法没有约定的，鉴定人可向委托人提出"参照鉴定项目所在地同时期适用的计价依据、计价方法和签约时的市场价格信息进行鉴定"的建议，鉴定人应按照委托人的决定进行鉴定。鉴定项目合同对计价依据、计价方法约定条款前后矛盾的，鉴定人应提请委托人决定适用条款；委托人暂不明确的，鉴定人应按不同的约定条款分别作出鉴定意见，供委托人判断使用。

57.【答案】D

【解析】此为2023版教材修订内容。承包人提出合理化建议时，应向发包人提交合理化建议说明，说明建议的内容、理由以及实施该建议对合同价格和工期的影响。合理化建议经发包人批准的，工程师应及时发出变更指示，由此引起的合同价格调整按照合同中约定的变更估价原则执行。承包人提出的合理化建议降低了合同价格、缩短了工期或者提高了工程经济效益的，双方可以按照专用合同条件的约定进行利益分享。

58.【答案】C

【解析】此为2023版教材增加内容。业主应在工程师收到期中支付报表和证明文件后于合同约定的期限内（一般为56天），按照期中支付证书签认的金额向承包商支付。发生以下情况时，承包商可通知业主表明终止合同的意向：①业主未提供资金安排的证明，承包商向业主发出暂停工作通知后42天内仍未收到业主关于资金安排的合理证据；②工程师未在收到期中支付报表56天内颁发期中支付证书；③承包商未在合同规定的支付期限届满42天内收到款项。

59.【答案】B

【解析】主管部门批复的范围：

（1）主管部门二级及以下单位的项目决算。

（2）主管部门本级投资额在3000万元（含3000万元）以下的项目决算。

由主管部门批复的项目决算，报财政部备案（批复文件抄送财政部），并按要求向财政部报送半年度和年度汇总报表。

60.【答案】A

二、多项选择题（共20题，每题2分。每题的备选项中，有2个或2个以上符合题意，至少有1个错项。错选，本题不得分；少选，所选的每个选项得0.5分）

61.【答案】ACE

62.【答案】ABCE

【解析】此为2023版教材增加内容。最主要的增值税抵扣凭证是增值税专用发票，包括采用简易计税方法的供应商从税务机关代开的增值税专用发票。此外可以作为增值税抵扣凭证的还有海关进口增值税缴款书以及农产品收购发票等。

63.【答案】BCD

64.【答案】CD

【解析】综合单价是指完成一个规定清单项目所需的人工费、材料和工程设备费、施工机具使用费和企业管理费、利润以及一定范围内的风险费用。风险费用是隐含于已标价工程量清单综合单价中，用于化解发承包双方在工程合同中约定的风险内容和范围的费用。

65.【答案】BCE

66.【答案】ACD

67.【答案】ABE

68.【答案】BDE

69.【答案】AE

【解析】此为 2023 版教材修订内容。单项工程通用特征信息中必须描述的通用特征包括建设性质（新建或扩建）、结构类型、抗震等级、建筑面积、檐高、层数、层高、装修标准等；单项工程分类特征信息的描述要求适合于房屋建筑工程的二级或三级分类。以居住建筑为例，必须描述的分类特征信息包括居住建筑分类（普通住宅、别墅、公寓、养老地产、集体宿舍等）、高度类型（低层或多层、高层、超高层）、居住建筑档次（高、中、低档）等。

70.【答案】ADE

【解析】在教材的不同章节中经常涉及常用方法的选择问题，例如估算方法、概算方法、预算方法、国产非标准设备原价计算方法等，在考试中不同方法的适用对象是常考的问题，本题考核的是建设规模方案比选的方法，通常会选择教材中其他工作内容的方法作为干扰项。

71.【答案】BCE

72.【答案】BD

【解析】编制最高投标限价的其他项目费时，应遵循的规定包括：

1）暂估价中的材料、设备暂估单价应按照工程造价管理机构发布的工程造价信息中的单价计算，工程造价信息未发布的，其单价参考市场价格估算；暂估价中的专业工程暂估价应分不同专业，按有关计价规定估算。

2）总承包服务费。总承包服务费应按照省级或行业建设主管部门的规定计算，在计算时可参考以下标准：

① 招标人仅要求对分包的专业工程进行总承包管理和协调时，按分包的专业工程估算造价的 1.5% 计算。

② 招标人要求对分包的专业工程进行总承包管理和协调，并同时要求提供配合服务时，根据招标文件中列出的配合服务内容和提出的要求，按分包的专业工程估算造价的 3%~5% 计算。

③ 招标人自行供应材料的，按招标人供应材料价值的 1% 计算。

73.【答案】ABC

74.【答案】BDE

【解析】此为 2023 版教材修订内容。定标委员会由招标人负责组建和管理，成员为 5 人以上单数，本单位在编人员不得少于成员总数的三分之二，成员名单在中标结果确定前应当保密。定标委员会应当推荐定标组长，招标人（不含代理机构）的法定代表人或者主要负责人参加定标委员会的，由其直接担任定标委员会组长，定标委员会名单在中标结果公告前应当保密。定标委员会组成、定标地点、定标方法和标准等内容应当在招标文件中明确。

75.【答案】BCD

76.【答案】DE

77.【答案】ACE

78.【答案】BDE

79.【答案】ABC

【解析】此为2023版教材修订内容。如果最终报表初稿中含有第③项内容，或工程师和承包商未对最终报表初稿中的其他金额达成一致，承包商应编制并提交部分同意的最终报表，应分别列明商定的款额、估算的款额和有争议的款额。第③项内容是指承包商认为根据合同或其他规定，在履约证书签发之后应支付给他的任何其他款额的估算，包括：承包商依据合同已发通知的索赔金额、已提交争端避免/裁决委员会解决事项的金额和针对争端避免/裁决委员会决定已发不满意通知事项的金额。

80.【答案】ADE

【解析】基本建设项目完工可投入使用或者试运行合格后，应当在3个月内编报竣工财务决算，特殊情况确需延长的，中小型项目不得超过2个月，大型项目不得超过6个月。

模拟题七答案与解析

一、单项选择题（共 60 题，每题 1 分。每题的备选项中，只有一个最符合题意）

1.【答案】C

【解析】流动资金指为进行正常生产运营，用于购买原材料、燃料、支付工资及其他运营费用等所需的周转资金。在可行性研究阶段用于财务分析时计为全部流动资金，在初步设计及以后阶段用于计算"项目报批总投资"或"项目概算总投资"时计为铺底流动资金。铺底流动资金是指生产经营性建设项目为保证投产后正常的生产运营所需，并在项目资本金中筹措的自有流动资金。

2.【答案】C

【解析】装运港船上交货价即为离岸价。国际运费虽然也可以用离岸价作为计算基数，但国际运费并不属于进口设备从属费用。

3.【答案】D

【解析】国产非标准设备原价中的税金通常是指设备制造厂销售设备时向购入设备方收取的销项税额。计算公式为：当期销项税额＝销售额×适用增值税率。

销售额是材料费、加工费、辅助材料费、专用工具费、废品损失费、外购配套件费、包装费、利润之和。

4.【答案】A

5.【答案】A

【解析】在许多国家，开办费一般是在各分部分项工程造价的前面，按单项工程分别单独列出。单项工程建筑安装工程量越大，开办费在工程价格中的比例就越小；反之开办费比例就越大。一般开办费约占工程价格的 10%～20%。开办费项目在单独列项和分摊进单价这两种方式中采用哪一种，要根据招标文件和计算规则的要求而定。

6.【答案】B

7.【答案】C

【解析】生产准备费是指在建设期内，建设单位为保证项目正常生产所做的提前准备工作发生的费用，包括人员培训费、提前进厂费，以及投产使用必备的办公、生活家具用具及工器具等的购置费用。新建项目以设计定员为基数进行计算，改扩建项目以新增设计定员为基数进行计算。

8.【答案】A

9.【答案】C

【解析】此题答案 A 容易误选，教材中原文是"在总贷款分年均衡发放前提下"，"分年"是指每一年的贷款计划都是独立制定的，并不是每年的贷款额都一样。在"分年"的基础上，每一年的贷款计划都是均衡发生的。

10. 【答案】B

【解析】此为 2023 版教材增加内容。虽然从计价原理上看，定额计价与工程量清单计价均可以采用工程量与单价乘积后的汇总，但两者之间存在着明显的区别，其中造价形成机制不同是定额计价与工程量清单计价的最根本区别。

11. 【答案】A

【解析】应注意题干中"计价定额"概念的限制，因此答案为"预算定额"，而非"施工定额"。

12. 【答案】D

【解析】此为 2023 版教材增加内容。在工程实践中，为了克服目前计价规范不能完全支持多阶段交易的要求，出现了"模拟工程量清单"这一变通性方式。模拟工程量清单实质上是在工程设计图没有或不完备情况下工程量清单的替代方式。

13. 【答案】B

14. 【答案】A

15. 【答案】D

16. 【答案】A

17. 【答案】D

【解析】基本工作时间 = 7（h）= 0.875（工日/m³）；

$$工序作业时间 = \frac{0.875}{1-2\%} = 0.893（工日/m³）；$$

$$定额时间 = \frac{0.893}{1-3\%-2\%-18\%} = 1.160（工日/m³）；$$

$$产量定额 = \frac{1}{1.16} = 0.862（m³/工日）。$$

18. 【答案】B

【解析】采购保管费 =（2000+50）×（1+0.5%）×4% = 82.41（元/t）。

19. 【答案】D

20. 【答案】A

【解析】预算定额中人工工日消耗量是指在正常施工条件下，生产单位合格产品所必须消耗的人工工日数量，是由分项工程所综合的各个工序劳动定额包括的基本用工、其他用工两部分组成的。其他用工是辅助基本用工消耗的工日，包括超运距用工、辅助用工和人工幅度差用工。其中超运距是指劳动定额中已包括的材料、半成品场内水平搬运距离与预算定额所考虑的现场材料、半成品堆放地点到操作地点的水平运输距离之差。需要指出，实际工程现场运距超过预算定额确定运距时，可另行计算现场二次搬运费。

21. 【答案】D

【解析】此为 2023 年教材修订知识点。大数据技术对项目造价管理工作产生着深远的影响：

1）为智能决策提供支持：①提高项目各阶段协同工作的效率；②辅助工程建设各阶段的有效策划；③推动建筑产业转型升级。2）为规范工程发承包行为提供有效数据支持：①为主管部门规范工程发承包市场提供依据；②可用于识别并治理围标串标等违法行为；③为投标人合理报价提供决策支持。3）有利于施工成本管理。

22.【答案】B

【解析】工程造价指标包括三大用途：作为对已完或在建工程进行造价分析的依据；作为拟建类似项目工程计价的重要依据；作为反映同类工程造价变化规律的基础资料。其中作为拟建类似项目工程计价的重要依据，又包括用作编制投资估算的重要依据、用作编制初步设计概算和审查施工图预算的重要依据、用作确定最高投标限价和投标报价的参考资料。

23.【答案】A

24.【答案】C

【解析】由于朗格系数法是以设备购置费为计算基础，而设备费用在一项工程中所占的比重较大，对于石油、石化、化工工程而言占45%~55%，同时一项工程中，每台设备所含有的管道、电气、自控仪表、绝热、油漆、建筑等，都有一定的规律。所以，只要对各种不同类型工程的朗格系数掌握得准确，估算精度仍可较高。

25.【答案】D

【解析】计算项目的静态投资，因此建设期的价格波动不考虑在内。

$$静态投资额 = 5 \times \left(\frac{30}{10}\right)^{0.75} \times (1+8\%)^4 = 15.51 （亿元）。$$

26.【答案】D

【解析】按照形成资产法分类，建设投资由形成固定资产的费用、形成无形资产的费用、形成其他资产的费用和预备费四部分组成。预备费单列的原因是在估算时，预备费仅是储备性费用，尚未支出，因此无法归入任何一类资产。

27.【答案】B

28.【答案】B

29.【答案】A

【解析】流动资金指为进行正常生产运营，用于购买原材料、燃料、支付工资及其他运营费用等所需的周转资金。在可行性研究阶段，用于财务分析时计为全部流动资金，在初步设计及以后阶段，用于计算"项目报批总投资"或"项目概算总投资"时计为铺底流动资金。铺底流动资金是指生产经营性建设项目为保证投产后正常的生产运营所需，在项目资本金中筹措的自有流动资金。

30.【答案】B

31.【答案】B

【解析】与实物量法相比，工料单价法有两个独有的步骤，即"编制工料分析表"和"计算主材费并调整直接费"。

32.【答案】B

33.【答案】B

【解析】在招标工程量清单编制的准备工作中，拟定常规施工组织设计的目的主要是为了措施项目清单，由于施工步骤与措施项目列项无关，因此拟定施工总方案时通常不需考虑。

34. 【答案】C

35. 【答案】C

36. 【答案】A

【解析】此为2023年教材增加知识点。为实现最高投标限价能真正反映市场实际价格水平的目的，可以在编制方法和编制依据两个方面进行改革。在编制依据改革中，土石方、幕墙等专业化、市场化程度高的工程量清单项目，可参考类似项目的专业承包市场价格确定综合单价，或以专业分包总包价的形式进行组价。并综合考虑利润和管理费。

37. 【答案】D

【解析】针对招标工程量清单中工程量的遗漏或错误，是否向招标人提出修改意见取决于投标策略。投标人可以向招标人提出，由招标人统一修改并把修改情况通知所有投标人；也可以运用一些报价的技巧提高报价的质量，争取在中标后能获得更大的收益。

38. 【答案】D

39. 【答案】D

40. 【答案】D

【解析】三位投标人经评审投标价的计算过程为：

甲评标价＝1000×(1−7.5%)−20＝905（万元）；

乙评标价＝990×(1−7.5%)−10＝905.75（万元）；

丙评标价＝930−50＝880（万元）；

因此排序应为丙、甲、乙。

41. 【答案】C

【解析】根据《建筑工程施工发包与承包计价管理办法》（住房和城乡建设部令第16号），所有的合同价款类型的选择均为推荐性意见，因此，所有"应采用"或类似的表述都是不正确的。

42. 【答案】D

【解析】根据工程项目的不同规模、类型和业主要求，工程总承包还可采用设计−施工总承包（Design-Build，DB）、设计−采购总承包（Engineering-Procurement）和采购−施工总承包（Procurement-Construction）等阶段性总承包方式。

43. 【答案】C

【解析】此为2023版教材修订内容。国内派出工人出国期间的总费用包括出国准备到回国休整结束后的全部费用。主要包括：①国外岗位工作；②派出工人的企业收取的管理费；③服装费、卧具及住房费；④国内、国际差旅费；⑤国外津贴、补贴费和伙食费；⑥奖金及加班工资；⑦劳保福利费；⑧工资预涨费，每年上涨率一般可按5%～10%估计；⑨保险费，按当地工人保险费标准计算。

44. 【答案】B

45. 【答案】B

【解析】在变更事件中，安全文明施工费按照实际发生变化的措施项目调整，不得浮动。

46.【答案】B

【解析】1500×（1+15%）=1725（m³）<1800m³，工程量偏差已经超过15%。

300×（1+15%）=345（元/m³）<400元/m³，应将新单价调低至345元/m³。

项目结算金额=1725×400+（1800−1725）×345=715875（元）。

47.【答案】C

【解析】当采用价格指数法调整价格差额时，若得不到现行价格指数，可暂用上一次价格指数计算，并在以后的付款中再按实际价格指数进行调整。

48.【答案】C

49.【答案】B

【解析】工程应分摊的总部管理费=$2000×\frac{6000}{30000}=400$（万元）；

日平均总部管理费=$\frac{400}{300}=1.333$（万元）；

索赔的总部管理费=1.333×20=26.67（万元）。

50.【答案】D

【解析】国家颁布实施的相关法律、行政法规，是工程索赔的法律依据。部门规章以及工程项目所在地的地方性法规或地方政府规章，如果在施工合同专用条款中约定为工程合同的适用法律的，也可以作为工程索赔的依据。

51.【答案】D

【解析】起扣点 $T=1000-\frac{1000×20\%}{50\%}=600$（万元）。

52.【答案】A

53.【答案】B

【解析】工程完工后，承包方应当在工程完工后的约定期限内提交竣工结算文件。未在规定期限内完成的并且提不出正当理由延期的，承包人经发包人催告后仍未提交竣工结算文件或没有明确答复，发包人有权根据已有资料编制竣工结算文件，作为办理竣工结算和支付结算款的依据，承包人应予以认可。

54.【答案】A

55.【答案】B

56.【答案】B

【解析】当事人就同一建设工程订立的数份建设工程施工合同均无效，但建设工程质量合格，一方当事人请求参照实际履行的合同关于工程价款的约定折价补偿承包人的，人民法院应予支持。实际履行的合同难以确定，当事人请求参照最后签订的合同关于工程价款的约定折价补偿承包人的，人民法院应予支持。

57.【答案】D

58.【答案】C

【解析】此为2023版教材修订内容。预付款应以在支付证书中按比例扣减的方式返还。如果在颁发工程接收证书前，或者因业主提出终止、承包商提出暂停和终止、不可预见事件而导致合同终止之前，预付款仍未全部返还的，承包商应立即将预付款所有剩余部分返还给业主。

59.【答案】C

【解析】基本建设项目完工可投入使用或者试运行合格后，应当在3个月内编报竣工财务决算，特殊情况确需延长的，中小型项目不得超过2个月，大型项目不得超过6个月。因此，中小型项目竣工财务决算的编制总时长应不超过5个月。

60.【答案】D

【解析】新增固定资产价值是投资项目竣工投产后所增加的固定资产价值，即交付使用的固定资产价值，是以价值形态表示建设项目的固定资产最终成果的指标。新增固定资产价值的计算是以独立发挥生产能力的单项工程为对象的。

二、多项选择题（共20题，每题2分。每题的备选项中，有2个或2个以上符合题意，至少有1个错项。错选，本题不得分；少选，所选的每个选项得0.5分）

61.【答案】BCD

【解析】设备采购人员、保管人员和管理人员的工资属于设备运杂费中的采购与仓库保管费。为运输而进行的包装支出的各种费用属于设备运杂费中的包装费。

62.【答案】ADE

【解析】成井的费用主要包括：①准备钻孔机械、埋设护筒、钻机就位，泥浆制作、固壁，成孔、出渣、清孔等费用；②对接上、下井管（滤管），焊接，安防，下滤料，洗井，连接试抽等费用。

63.【答案】ACE

64.【答案】CD

【解析】工程量清单计价活动涵盖施工招标、合同管理以及竣工交付全过程，主要包括编制招标工程量清单、最高投标限价、投标报价、确定合同价、工程计量与价款支付、合同价款的调整、工程结算和工程计价纠纷处理等活动。

65.【答案】CDE

【解析】工程建设标准的高低、工程的复杂程度、工程的工期长短、工程的组成内容、发包人对工程管理的要求等都直接影响其他项目清单的具体内容。

66.【答案】CDE

67.【答案】AB

【解析】不需计算安拆费及场外运费的情况包括：

1）不需安拆的施工机械，不计算一次安拆费；

2）不需相关机械辅助运输的自行移动机械，不计算场外运费；

3）固定在车间的施工机械，不计算安拆费及场外运费。

68.【答案】ACD

69.【答案】BCE

70.【答案】BD

【解析】系数估算法也称为因子估算法，在我国国内常用的方法有设备系数法和主体专业系数法。设备系数法是指以拟建项目的设备购置费为基数，主体专业系数法是指以拟建项目中投资比重较大，并与生产能力直接相关的工艺设备投资为基数。

71. 【答案】ACD

72. 【答案】ACDE

73. 【答案】ACE

74. 【答案】ABCE

75. 【答案】AE

【解析】采用计日工计价的任何一项变更工作，承包人应在该项变更的实施过程中，按合同约定提交以下报表和有关凭证送发包人复核：

1）工作名称、内容和数量；

2）投入该工作所有人员的姓名、工种、级别和耗用工时；

3）投入该工作的材料名称、类别和数量；

4）投入该工作的施工设备型号、台数和耗用台时；

5）发包人要求提交的其他资料和凭证。

76. 【答案】DE

【解析】现场管理费率的确定可以选用下面的方法：①合同百分比法，即管理费比率在合同中规定；②行业平均水平法，即采用公开认可的行业标准费率；③原始估价法，即采用投标报价时确定的费率；④历史数据法，即采用以往相似工程的管理费率。

77. 【答案】BCE

78. 【答案】AE

79. 【答案】AC

【解析】根据《FIDIC 施工合同条件》的规定，承包商的建议包括两类：一类是工程师征求承包商的建议；另一类是承包商基于价值工程主动提出的建议。

80. 【答案】BCD

【解析】待核销基建支出，若形成资产产权归属本单位的，计入交付使用资产价值；形成产权不归属本单位的，作为转出投资处理。

模拟题八答案与解析

一、单项选择题（共 60 题，每题 1 分。每题的备选项中，只有一个最符合题意）

1.【答案】A

【解析】工程费用 = 2000+3000 = 5000（万元）。

2.【答案】C

【解析】国际运费 = 500×7.3×5% = 182.5（万元）；

到岸价 =（500×7.3+182.5）/（1−3‰）= 3844（万元）；

关税 = 到岸价×关税税率 = 3844×20% = 768.81（万元）。

3.【答案】B

4.【答案】A

5.【答案】B

【解析】在承包商投标报价中，承包商总部管理费、利润和税金，以及开办费中的项目，经常以一定的比例分摊进单价。需要注意的是，开办费项目在单独列项和分摊进单价这两种方式中采用哪一种，要根据招标文件和计算规则而定。

6.【答案】A

7.【答案】A

【解析】工程建设其他费用中的税金是指按《基本建设项目建设成本管理规定》，统一归纳计列的城镇土地使用税、耕地占用税、契税、车船税、印花税等除增值税外的税金。

8.【答案】B

【解析】基本预备费是指投资估算或工程概算阶段预留的，由于工程实施中不可预见的工程变更及洽商、一般自然灾害处理、地下障碍物处理、超规超限设备运输等而可能增加的费用，也可称为工程建设不可预见费。

9.【答案】D

【解析】$q_1 =（500÷2）×10% = 25$（万元）；

$q_2 =（525+1000÷2）×10% = 102.5$（万元）；

$q_3 =（525++1102.5+300÷2）×10% = 177.75$（万元）。

10.【答案】B

【解析】此为 2023 版教材增加内容。工程量清单计价方式下，工程量由招标人根据全国统一的工程量计算规则计算并提供，价格通过市场竞争实现。事前算细账、摆明账，履约过程中可以通过过程结算不断实现结实固化，简化了竣工结算，实现了计价风险按合同约定由发承包双方分担。定额计价中，发承包双方在招标投标过程中均需要进行算量、套价、取费、调差的重复性工作，容易导致履约过程中出现的风险双方分担方式不明确，并且常采用事后算总账的造价形成机制，容易引起双方的工程价款纠纷。

11.【答案】A

12.【答案】D

【解析】在总价措施项目清单与计价表中，按施工方案计算的措施费，若无"计算基础"和"费率"的数值，也可只填"金额"数值，但应在备注栏说明施工方案出处或计算方法。因此必须填写的项是金额。

13.【答案】A

【解析】计日工和总承包服务费由投标人自主报价，材料（工程设备）暂估价虽然由招标人提供金额，但投标人投标时应将材料（工程设备）暂估价计入工程量清单综合单价报价中，而不应计入其他项目清单与计价汇总表。

14.【答案】D

【解析】此为2023版教材增加内容。从本质上说，工程量清单计价是招标人为完成工程交易而提供的一套完整实物量清单，投标人根据招标人提供的实物量清单中列明的项目名称、项目特征、计量单位和工程数量进行自主报价，只是根据不同的规范、标准或项目条件，可以有不同的项目名称设置要求、项目特征描述方式、计量单位的选择和工程数量的计算规则。

15.【答案】D

【解析】基本工作时间在必须消耗的工作时间中占的比重最大。在确定基本工作时间时，必须细致、精确。基本工作时间消耗一般应根据计时观察资料来确定。其做法是，首先确定工作过程每一组成部分的工时消耗，然后再综合出工作过程的工时消耗。如果组成部分的产品计量单位和工作过程的产品计量单位不符，就需先求出不同计量单位的换算系数，进行产品计量单位的换算，然后再相加，求得工作过程的工时消耗。

16.【答案】D

【解析】砖净用量 $=\dfrac{1}{0.24\times(0.24+0.01)\times(0.053+0.01)}\times1\times2=529$（块）；

砂浆净用量 $=1-529\times(0.24\times0.115\times0.053)=0.226$（$m^3$）；

砂浆消耗量定额 $=0.226\times(1+5\%)=0.237$（$m^3$）。

17.【答案】B

18.【答案】D

【解析】采购及保管费 $=\left(\dfrac{1000}{1.13}+\dfrac{30}{1.09}\right)\times(1+0.6\%)\times5\%=45.90$（元/t）。

19.【答案】D

20.【答案】D

【解析】测定法包括实验室试验法和现场观察法，指各种强度等级的混凝土及砌筑砂浆配合比的耗用原材料数量的计算，须按照规范要求试配，经过试压合格及必要的调整后得出的水泥、砂子、石子、水的用量。对新材料、新结构又不能用其他方法计算定额消耗用量时，须用现场测定方法来确定，根据不同条件可以采用写实记录法和观察法，得出定额的消耗量。

21. 【答案】D

22. 【答案】C

【解析】此为2023版教材增加内容。工程经济指标是按工程建筑面积、体积、长度、功能性单位或自然计量单位计算得出的全费用的单位指标、相关单位指标、造价占比等。其中相关单位指标是指组成单项或单位工程的不同层级子项（可细化至分部分项工程）的工程经济指标。

23. 【答案】D

【解析】工程方案选择是在已选定项目建设规模、技术方案和设备方案的基础上，研究论证主要建筑物、构筑物的建造方案，包括对于建筑标准的确定。

24. 【答案】C

【解析】比例估算法是根据已知的同类建设项目主要设备购置费占整个建设项目静态投资的比例，先逐项估算出拟建项目主要设备购置费，再按比例估算拟建项目的静态投资的方法。

25. 【答案】C

【解析】静态投资额 $= 3 \times (50/30)^{0.8} \times (1+6\%)^{5} = 6.041$（亿元）。

26. 【答案】A

【解析】工艺非标准件、金属结构和管道安装费估算时，以单项工程为单元，根据设计选用的材质、规格，以"t"为单位，套用与其技术标准、材质和规格、施工方法相适应的投资估算指标或类似工程造价资料进行估算。即：

$$安装工程费 = 重量总量 \times 单位重量安装费指标$$

27. 【答案】D

28. 【答案】B

29. 【答案】A

30. 【答案】B

【解析】此为2023版教材增加内容。市场化的造价数据包括两个方面：一是利用不同分类、不同层级的工程造价指标，根据项目达到的设计深度建立建设项目分解清单，根据项目分解情况通过项目特征匹配寻找可参考使用的工程造价指标，根据项目情况进行调整后完成概算编制；二是充分进行市场化的询价，重点针对基础性建材价格信息和劳务用工市场价格信息建立完成询价规则和机制，避免泛泛而问、撒网问价的"假询价"现象，通过保证基本建设资源价格的准确性和市场性以提高概算的精度。

31. 【答案】D

【解析】工料单价法的准备工作阶段与实物量法基本相同。不同的是需要收集适用的单位估价表，定额中已含有定额基价的则无须单位估价表。

32. 【答案】D

【解析】"准备资料、熟悉施工图纸"阶段主要的工作内容包括：①收集施工图预算的编制依据。包括预算定额或企业定额，取费标准，当时当地人工、材料、施工机具市场价格等。②熟悉施工图等基础资料。熟悉施工图纸、有关的通用标准图、图纸会审记录、设计变更通知等资料，并检查施工图纸是否齐全、尺寸是否清晰，了解设计意图，掌握工程全貌。③了解施工组织设计和施工现场情况。

33.【答案】D

34.【答案】D

35.【答案】A

36.【答案】D

37.【答案】D

38.【答案】B

【解析】当分部分项工程内容比较简单，由单一计价子项计价，且《建设工程工程量清单计价规范》GB 50500 与所用企业定额中的工程量计算规则相同时，综合单价的确定只需用相应企业定额子目中的人、材、机费作基数计算管理费、利润，再考虑相应的风险费用即可。

39.【答案】D

【解析】允许投标人根据自身编制的施工组织设计对措施项目清单列项进行调整，所以措施项目的内容应依据招标人提供的措施项目清单和投标人投标时拟定的施工组织设计或施工方案确定。

40.【答案】A

41.【答案】B

42.【答案】A

【解析】经评审的最低投标价法的初步评审标准包括形式评审标准、资格评审标准、响应性评审标准、承包人建议书评审标准、承包人实施方案评审标准五个方面。其中形式评审标准、资格评审标准、响应性评审标准的内容与综合评估法基本相同。

43.【答案】D

【解析】递交时同样需要遵循投标保证金以及投标有效期的有关规定，规定内容与施工投标基本相同。只是由于实施工程总承包的项目通常比较复杂，因此，除投标人须知前附表另有规定外，投标有效期均为 120 天。

44.【答案】B

45.【答案】C

【解析】新增分部分项工程清单项目后，引起措施项目发生变化的，应当按照工程变更事件中关于措施项目费的调整方法，在承包人提交的实施方案被发包人批准后，调整合同价款；由于招标工程量清单中措施项目缺项，承包人应将新增措施项目实施方案提交发包人批准后，按照工程变更事件中的有关规定调整合同价款。

46.【答案】D

【解析】如果发包人提出的工程变更，因非承包人原因删减了合同中的某项原定工作或工程，致使承包人发生的费用或（和）得到的收益不能被包括在其他已支付或应支付的项目中，也未被包含在任何替代的工作或工程中，则承包人有权提出并得到合理的费用及利润补偿。

47.【答案】D

【解析】基本价格指数应选择 2022 年 2 月的指数，现行价格指数应选择 2023 年 3 月的指数。且由于双方确认的变更金额是已经调过价的，因此不再计入调价基数。

$$\Delta P = 200 \times (0.45 \times \frac{115.2}{100} + 0.11 \times \frac{99.5}{100.8} + 0.11 \times \frac{110.4}{102.0} + 0.05 \times \frac{98.6}{93.6} + 0.03 \times \frac{95.4}{95.4} +$$

$0.25 - 1) = 15.74(万元)$

48.【答案】D

【解析】异常恶劣的气候条件不可以获得费用索赔，季节性大雨不能索赔，因此能够获得保函手续费索赔的只有设计单位迟延提供图纸和不利物质条件的事件。

保函手续费索赔额=(70/500)×40=5.6（万元）。

49.【答案】C

50.【答案】B

【解析】附属工程每延误1日历天的误期赔偿费标准 $= 2 \times \frac{200}{200+1000} = 0.333$（万元）；

该工程的误期赔偿费=60×0.333=20（万元）。

51.【答案】D

52.【答案】C

【解析】预付款 $= \frac{500 \times 60\%}{365} \times (10 + 15 + 5 + 10 + 5) = 36.99(万元)$；

起扣点=500−36.99/60%=438（万元）。

53.【答案】A

【解析】此为2023版教材增加内容。施工过程结算主要针对当年开工、当年不能竣工的新开工项目。施工过程结算是指发承包双方通过合同约定，将施工过程按时间或进度节点划分施工周期，对周期内已完成且无争议的工程量（含变更、索赔等）进行工程进度款计算、确认和支付，支付金额不得超出已完工部分对应的批复概（预）算。经双方确认的工程结算文件作为竣工结算文件的组成部分，竣工后原则上不再重复审核。

54.【答案】D

【解析】发包人应按照合同约定方式预留质量保证金，质量保证金总预留比例不得高于工程价款结算总额的3%。合同约定由承包人以银行保函替代预留质量保证金的，保函金额不得高于工程价款结算总额的3%。在工程项目竣工前，已经缴纳履约保证金的，发包人不得同时预留工程质量保证金。采用工程质量保证担保、工程质量保险等其他方式的，发包人不得再预留质量保证金。

55.【答案】D

【解析】当事人就同一建设工程订立的数份建设工程施工合同均无效，但建设工程质量合格，一方当事人请求参照实际履行的合同结算建设工程价款的，人民法院应予支持。实际履行的合同难以确定，当事人请求参照最后签订的合同结算建设工程价款的，人民法院应予支持。

56.【答案】D

【解析】根据《建设工程造价鉴定规范》GB/T 51262规定，鉴定人必须具有相应专业的注册造价工程师执业资格。但是，根据鉴定工作需要，鉴定机构可以安排非注册造价工程师的专业人员作为鉴定人的辅助人员，参与鉴定的辅助性工作；鉴定机构对同一鉴定事项，应指定两名及以上鉴定人共同进行鉴定。对争议标的较大或涉及工程专业较多的鉴定项目，应成立由 3 名及以上鉴定人组成的鉴定项目组。

57.【答案】C

【解析】此为 2023 版教材修订内容。工程师应在收到承包人进度付款申请单以及相关资料完成审查后报送发包人，发包人应在收到后完成审批并向承包人签发进度款支付证书。发包人逾期未完成审批且未提出异议的，视为已签发进度款支付证书。

58.【答案】C

【解析】此为 2023 版教材增加内容。若承包商未能按期收到相应款项，承包商有权获得延误支付期间未支付金额的融资费用，该融资费用按月复利计算，延误支付期间以合同规定的应支付截止日期开始计算，最常用的融资费用计算方式是按照支付币种所在地的银行对优质借款人的短期借款平均利率的平均值加 3% 的年利率计算。承包商有权请求业主支付融资费用，无须提供报表，无须发正式通知，也无须提供证明。

59.【答案】C

60.【答案】B

二、多项选择题（共 20 题，每题 2 分。每题的备选项中，有 2 个或 2 个以上符合题意，至少有 1 个错项。错选，本题不得分；少选，所选的每个选项得 0.5 分）

61.【答案】ABD

62.【答案】ACE

【解析】此为 2023 版教材增加内容。教材中提及的税务筹划是站在承包人的视角下，寻求实际税负最小的纳税方案。从建设项目交易的视角来看，纳税方案的成立需要得到交易双方的共同认可，发包人虽然法理上并不具备计税方法的选择权，但其可以在建设项目招标投标过程中通过事先拟定的合同条款要求选择特定的计税方法，在这种情况下，发包人事实上享有了增值税计税方法的选择权。在甲供方式下，承包人选择简易计税方法后，不仅可能影响发包人的实际税负，还可能造成建设项目整体税负的提升（即发承包双方整体缴纳的增值税总额增加）。因此，计税方法的选择实际上还是一个复杂的系统问题。

63.【答案】BCE

【解析】在有偿出让和转让土地时，政府对地价不作统一规定，有偿出让和转让使用权，要向土地受让者征收契税；转让土地如有增值，要向转让者征收土地增值税；土地使用者每年应按规定的标准缴纳土地使用费。土地使用权出让合同约定的使用年限届满，土地使用者需要继续使用土地的，应当至迟于届满前一年申请续期，除根据社会公共利益需要收回该幅土地的，应当予以批准。经批准准予续期的，应当重新签订土地使用权出让合同，依照规定支付土地使用权出让金。

64.【答案】ABD

【解析】其他项目清单是指分部分项工程项目清单、措施项目清单所包含的内容以外，因招标人的特殊要求而发生的与拟建工程有关的其他费用项目和相应数量的清单。工程建设标准的高低、工程的复杂程度、工程的工期长短、工程的组成内容、发包人对工程管理的要求等都直接影响其他项目清单的具体内容。

　　65.【答案】ACD

　　66.【答案】BDE

　　67.【答案】ABDE

　　【解析】维护费指施工机械在规定的耐用总台班内，按规定的维护间隔进行各级维护和临时故障排除所需的费用。保障机械正常运转所需替换与随机配备工具附具的摊销和维护费用、机械运转及日常保养维护所需润滑与擦拭的材料费用及机械停滞期间的维护和保养费用等。

　　68.【答案】BCE

　　69.【答案】ACE

　　【解析】工程造价指数的分类与工程造价指标的分类虽有相同之处，但两者之间的区别考生还应注意掌握。

　　70.【答案】ACE

　　71.【答案】CDE

　　72.【答案】ADE

　　【解析】此为2023版教材增加内容。统一定额已经不是编制最高投标限价的法定依据，最高投标限价也逐渐走向由市场决定的发展方向。为实现最高投标限价能真正反映市场实际价格水平的目的，可以在编制方法和编制依据两个方面进行改革。编制依据的改革是指倡导多元化组价形式，明确统一定额的参考地位，针对不同类型项目的特点，分别按照参考定额、参照历史数据、市场询价、工程造价指标定价等多种清单组价方式。价格组成应与招标工程量清单要求相匹配。

　　73.【答案】AC

　　【解析】项目特征是确定综合单价的重要依据之一，投标人投标报价时应依据招标文件中清单项目的特征描述确定综合单价。在招标投标过程中，当出现招标工程量清单特征描述与设计图纸不符时，投标人应以招标工程量清单的项目特征描述为准，确定投标报价的综合单价。当施工中施工图纸或设计变更与招标工程量清单项目特征描述不一致时，发承包双方应按实际施工的项目特征，依据合同约定重新确定综合单价。

　　74.【答案】CDE

　　75.【答案】AD

　　76.【答案】BCD

　　77.【答案】BD

　　78.【答案】ACD

　　【解析】建设工程施工合同具有下列情形之一的，应当根据《合同法》的规定，认定无效：

　　（1）承包人未取得建筑施工企业资质或者超越资质等级的；

　　（2）没有资质的实际施工人借用有资质的建筑施工企业名义的；

　　（3）建设工程必须进行招标而未招标或者中标无效的。

　　当事人以发包人未取得建设工程规划许可证等规划审批手续为由，请求确认建设工程施工合同无效的，人民法院应予支持，但发包人在起诉前取得建设工程规划许可证等规划审批手续的除外。此外，承包人非法转包、违法分包建设工程的行为无效。

79. 【答案】ABCD

【解析】根据《建设项目工程总承包合同（示范文本）》GF-2020-0216 通用合同条件，发包人应在进度款支付证书签发后 14 天内完成支付，发包人逾期支付进度款的，按照贷款市场报价利率（LPR）支付利息；逾期支付超过 56 天的，按照贷款市场报价利率（LPR）的两倍支付利息；发包人应在签发竣工付款证书后的 14 天内，完成对承包人的竣工付款。发包人逾期支付的，按照贷款市场报价利率（LPR）支付违约金；逾期支付超过 56 天的，按照贷款市场报价利率（LPR）的两倍支付违约金。

80. 【答案】ACE

模拟题九答案与解析

一、单项选择题（共 60 题，每题 1 分。每题的备选项中，只有一个最符合题意）

1. 【答案】B

【解析】铺底流动资金是指生产经营性建设项目为保证投产后正常的生产运营所需，在项目资本金中筹措的自有流动资金。

2. 【答案】A

3. 【答案】C

4. 【答案】D

5. 【答案】A

【解析】此为 2023 版教材增加知识点。人工费本身是没有进项税额的，但若采用劳务分包的方式，无论劳务分包公司采用一般计税或简易计税方法，劳务分包合同额中的增值税都可以成为可抵扣增值税进项税额。

6. 【答案】B

【解析】在专利及专有技术使用费的计算中应注意以下问题：

1）按专利使用许可协议和专有技术使用合同的规定计列。

2）专有技术的界定应以省部级鉴定批准为依据。

3）项目投资中只计需在建设期支付的专利及专有技术使用费。协议或合同规定在生产期支付的使用费应在生产成本中核算。

4）一次性支付的商标权、商誉及特许经营权费按协议或合同规定计列。协议或合同规定在生产期支付的商标权或特许经营权费应在生产成本中核算。

7. 【答案】A

【解析】关于生产准备费的计算，新建项目以设计定员为基数计算，改扩建项目以新增设计定员为基数计算。

8. 【答案】C

9. 【答案】B

【解析】期初发生贷款，贷款当年应按全年计息，同时建设期内利息当年支付，因此利息无须滚动至下一年继续计息。

$q_1 = 300 \times 12\% = 36$（万元）；

$q_2 = (300+600) \times 12\% = 108$（万元）；

$q_3 = (900+400) \times 12\% = 156$（万元）；

建设期利息 $= 36+108+156 = 300$（万元）。

10. 【答案】D

【解析】我国的工程造价管理体系可划分为工程造价管理的相关法律法规体系、工程造价管理标准体系、工程计价定额体系和工程计价信息体系四个主要部分。工程造价管理体系中的工程造价管理的标准体系、工程计价定额体系和工程计价信息体系是当前我国工程造价管理机构最主要的工作，也是工程计价的主要依据，一般也将这三个方面称为工程计价依据体系。

11.【答案】B

【解析】此为2023版教材增加内容。定额计价方式更注重在建设项目前期合理设定投资控制目标，为建设单位制定投资及筹资方案提供依据，强调计价依据的统一性和平均水平。而工程量清单计价方式更注重在建设项目交易阶段进行合理定价，强调计价依据的个性化，由承包人根据施工现场情况、施工方案自行确定，体现出以施工组织设计为基础的价格竞争，凸显不同主体的不同价格水平。

12.【答案】A

【解析】按施工方案计算的措施费，若无"计算基础"和"费率"数值，也可只填"金额"数值，但应在备注栏说明施工方案出处或计算方法。因此，必须填列的项是"金额"。

13.【答案】B

【解析】计日工是为了解决现场发生的零星工作的计价而设立的。

14.【答案】B

【解析】根据《建设工程工程量清单计价规范》的规定，规费、税金采用独立清单统一计算，在其他的清单中均不包括这两项。

15.【答案】A

16.【答案】D

【解析】1次循环的持续时间 = 30+15+10+5+5−5 = 60（s）；

1h 的循环次数 = 3600/60 = 60（次）；

1h 纯工作正常生产率 = 300×60 = 18000（L）= 18（m³）；

挖掘机台班产量定额 = 18×8×0.85 = 122.4（m³/台班）；

挖掘机台班时间定额 = 1/122.4 = 0.008（台班/m³）。

17.【答案】A

18.【答案】A

19.【答案】D

【解析】施工机械台班人工费 = 2×[1+(250−230)/230]×220 = 478.26（元）。

20.【答案】D

21.【答案】A

22.【答案】B

【解析】此为2023版教材增加内容。根据工程造价指标的层级不同，建设工程造价指标可分为建设项目总投资指标和建设项目投资明细指标。建设项目总投资指标是以建设项目为单位计算的总金额、总指标，是建设项目全部费用的指标，各类费用分别计算得出单位造价、造价占比并汇总；建设项目投资明细指标是由多个单位工程或多个层级子项逐项计算得出同层级的单位造价、造价占比，由多个单位工程或多个层级子项汇总成单项工程的单位造价、造价占比，由多个单项工程汇总成建设项目的单位造价、造价占比等。

23. 【答案】D

24. 【答案】B

【解析】工程费用估算 $=1.5×(10/5)^{0.8}×(1+5\%)^3+2.5=5.52$（亿元）。

25. 【答案】B

【解析】桥梁工程不以长度为单位，而是用 $100m^2$ 桥面作单位，这是易错知识点。

26. 【答案】B

【解析】工艺设备安装费估算方法包括两种：以单项工程为单元，根据单项工程的专业特点和各种具体的投资估算指标，采用按设备费百分比估算指标进行估算；或根据单项工程设备总重，采用以"t"为单位的综合单价指标进行估算。

27. 【答案】A

28. 【答案】C

29. 【答案】C

30. 【答案】A

【解析】进口设备适合采用综合吨位指标法。安装费 $=30×1.2=36$（万元）。

31. 【答案】D

32. 【答案】B

33. 【答案】D

34. 【答案】B

35. 【答案】D

【解析】为使最高投标限价与投标报价所包含的内容一致，综合单价中应包括招标文件中要求投标人所承担的风险内容及其范围（幅度）产生的风险费用。此处需要注意C答案，因为在招标投标阶段，双方主体是招标人和投标人。签订合同后，才可以称为发包人和承包人。

36. 【答案】D

37. 【答案】C

38. 【答案】C

39. 【答案】C

【解析】出现下列情况的，投标保证金将不予返还：

（1）投标人在规定的投标有效期内撤销或修改其投标文件；

（2）中标人在收到中标通知书后，无正当理由拒签合同协议书或未按招标文件规定提交履约担保。

40. 【答案】B

41. 【答案】C

【解析】此为2023版教材增加内容。目前常用的定标方法包括价格竞争定标法、票决定标法、集体议事法等。其中价格竞争定标法是指以投标价格作为定标主要依据的方法，具体方法由招标人在招标文件中加以规定。该方法可以引申出多种定标方法，比如最低投标价法、次低价法、第 N（事先约定的数字）低价法、平均值法等。

42.【答案】C

43.【答案】D

【解析】此为 2023 版教材增加内容，招标文件中增加了项目清单一项，项目清单可根据不同的发承包阶段，分为可行性研究或方案设计后清单、初步设计后清单。项目清单主要用于确定工程总承包费用项目，工程总承包费用项目通常应根据专业工程总承包工程量计算规范，按照不同发承包阶段的发包范围和内容确定。

44.【答案】D

【解析】此为 2023 版教材增加内容。国际工程投标报价由直接费用、间接费用、其他费用、利润和风险费组成。其中其他费用包括分包费、暂定金额、开办费等。

45.【答案】D

【解析】已标价工程量清单中没有适用也没有类似于变更工程项目的，由承包人根据变更工程资料、计量规则和计价办法、工程造价管理机构发布的信息（参考）价格和承包人报价浮动率，提出变更工程项目的单价或总价，报发包人确认后调整。

46.【答案】D

47.【答案】D

48.【答案】D

49.【答案】C

【解析】$4800 \times (1-10\%) = 4320$（元/t）>4000 元/t，价格跌幅已经超过了 10%。

每吨钢筋应下浮的额度 = 4320-4000 = 320（元/t）。

钢筋结算价格 = 5500-320 = 5180（元/t）。

50.【答案】C

【解析】一般来说，由于工程范围的变更、发包人提供的文件有缺陷或错误、发包人未能提供施工场地以及因发包人违约导致的合同终止等事件引起的索赔，承包人都可以列入利润。比较特殊的是，根据《标准施工招标文件》（2007 年版）通用合同条款的规定，对于因发包人原因暂停施工导致的工期延误，承包人有权要求发包人支付合理的利润。索赔利润的计算通常是与原报价单中的利润百分率保持一致。但是应当注意的是，由于工程量清单中的单价是综合单价，已经包含了人工费、材料费、施工机具使用费、企业管理费、利润以及一定范围内的风险费用，在索赔计算中不应重复计算。

51.【答案】B

52.【答案】C

【解析】此为 2023 版教材修订内容。政府机关、事业单位、国有企业建设工程进度款支付应不低于已完成工程价款的 80%；同时，在确保不超出工程总概（预）算以及工程决（结）算且工作顺利开展的前提下，除按合同约定保留不超过工程价款总额 3% 的质量保证金外，进度款支付比例可由发承包双方根据项目实际情况自行确定。

53.【答案】D

54.【答案】A

55.【答案】C

56.【答案】A

【解析】在鉴定过程中，对鉴定项目或鉴定项目中部分内容，当事人相互协商一致，达成的书面妥协性意见应纳入确定性意见，但应在鉴定意见中予以注明。重新鉴定时，对当事人达成的书面妥协性意见，除当事人再次达成一致同意外，不得作为鉴定依据直接使用。

57.【答案】B

【解析】此为2023版教材修订内容。变更指示造成下列影响的，承包人应向工程师发出通知：

1）降低工程的安全性、稳定性或适用性；

2）涉及的工作内容和范围不可预见；

3）所涉设备难以采购；

4）对承包人正常雇佣劳工及工资支付、安全文明施工、职业健康、环境保护等产生实质性影响；

5）造成工期延误；

6）与承包人的一般义务相冲突。

58.【答案】C

59.【答案】A

【解析】由主管部门批复竣工决算的范围：

（1）主管部门二级及以下单位的项目决算；

（2）主管部门本级投资额在3000万元（含3000万元）以下的项目决算。

60.【答案】D

二、多项选择题（共20题，每题2分。每题的备选项中，有2个或2个以上符合题意，至少有1个错项。错选，本题不得分；少选，所选的每个选项得0.5分）

61.【答案】ACD

【解析】由于消费税是价内税，因此计税基数中应包括消费税本身在内。

62.【答案】BE

63.【答案】ABDE

64.【答案】ACDE

【解析】工程计价的基本原理是项目的分解和价格的组合。即将建设项目自上而下细分至最基本的构造单元（假定的建筑安装产品），采用适当的计量单位计算其工程量，根据以及当时当地的工程单价，首先计算各基本构造单元的价格，再对费用按照类别进行组合汇总，计算出相应工程造价。工程计价可分为工程计量和工程组价两个环节。

65.【答案】BDE

66.【答案】ACE

67.【答案】BD

【解析】安拆费及场外运费不需计算的情况包括：

（1）不需安拆的施工机械，不计算一次安拆费；

（2）不需相关机械辅助运输的自行移动机械，不计算场外运费；

（3）固定在车间的施工机械，不计算安拆费及场外运费。

68.【答案】BDE

【解析】机械台班幅度差是指在施工定额中所规定的范围内没有包括，而在实际施工中又不可避免产生的影响机械或使机械停歇的时间。其内容包括：

（1）施工机械转移工作面及配套机械相互影响损失的时间。

（2）在正常施工条件下，机械在施工中不可避免的工序间歇。

（3）工程开工或收尾时工作量不饱满所损失的时间。

（4）检查工程质量影响机械操作的时间。

（5）临时停机、停电影响机械操作的时间。

（6）机械维修引起的停歇时间。

69.【答案】BDE

【解析】此为2023版教材修订内容。工程大数据可以理解为在工程项目全生命周期中，利用各种软硬件工具所获取的数据集，通过对该数据集进行分析可为项目本身及其相关利益方提供增值服务。工程大数据具有体量大、类型多、管理复杂和价值大的特点。大数据技术对项目造价管理工作产生着深远的影响。主要包括：①为智能决策提供支持；②为规范工程发承包行为提供有效数据支持；③有利于施工成本管理。

70.【答案】BCE

【解析】

$$在产品 = \frac{年外购原材料、燃料费用 + 年工资及福利费 + 年修理费 + 年其他制造费用}{在产品周转次数}$$

71.【答案】AC

72.【答案】ABCD

73.【答案】ABD

74.【答案】ABCD

【解析】此为2023版教材增加内容。定标委员会由招标人负责组建和管理，成员为5人以上单数，本单位在编人员不得少于成员总数的三分之二。定标委员会应当推荐定标组长，招标人（不含代理机构）的法定代表人或者主要负责人参加定标委员会的，由其直接担任定标委员会组长，定标委员会名单在中标结果公示前应当保密。定标委员会组成、定标地点、定标方法和标准等内容应当在招标文件中明确。

75.【答案】ABE

【解析】施工机械使用费的索赔包括：由于完成合同之外的额外工作所增加的机械使用费；非因承包人原因导致工效降低所增加的机械使用费；由于发包人或工程师指令错误或迟延导致机械停工的台班停滞费。在计算机械设备台班停滞费时，不能按机械设备台班费计算，因为台班费中包括设备使用费。如果机械设备是承包人自有设备，一般按台班折旧费、人工费与其他费之和计算；如果是承包人租赁的设备，一般按台班租金加上每台班分摊的施工机械进出场费计算。

76.【答案】ACE

【解析】见下表。

《标准施工招标文件》中承包人的索赔事件及可补偿内容

序号	条款号	索赔事件	可补偿内容		
			工期	费用	利润
1	1.6.1	迟延提供图纸	√	√	√
2	11.6	承包人提前竣工		√	
3	13.5.3	监理人对已经覆盖的隐蔽工程要求重新检查且检查结果合格	√	√	√
4	16.2	基准日后法律的变化		√	
5	18.4.2	发包人在工程竣工前提前占用工程	√	√	√

77.【答案】ABE

78.【答案】BCD

79.【答案】AD

80.【答案】ACE

【解析】在实际工作中，工程竣工造价对比分析应主要包括以下内容：

1）考核主要实物工程量。对于实物工程量出入比较大的情况，必须查明原因。

2）考核主要材料消耗量。按照竣工决算表中所列明的三大材料实际超概算的消耗量，查明是在工程的哪个环节超出量最大，再进一步查明超耗的原因。

3）考核项目建设管理费、措施费和间接费的取费标准。

4）主要工程子目的单价和变动情况。